物联网技术应用专业岗课赛证融通系列教材

物联网运维与服务

◎主　编　王恒心　林世舒

◎副主编　王信约　洪顺进　廖诗发

　　　　　周秀霞　刘金武

◎参　编　张乒乒　侯榕婷　黄兴任

　　　　　翁　平　杨佳佳　黄　凯

　　　　　李　江　郑方方　赵明海

电子工业出版社
Publishing House of Electronics Industry
北京·BEIJING

内 容 简 介

本书旨在培养学生物联网系统部署与运维的能力，使学生具备从事物联网系统管理、系统维护、产品生产、产品测试、产品施工、技术服务等岗位的职业能力。本书遵循《物联网工程实施与运维职业技能等级标准》，将"以职业活动为导向、以专业能力为核心"作为指导思想，将知识体系与工作岗位对专业人才的技能要求紧密结合，基于物联网行业的真实案例设计任务，符合以学生为主体的教学理念，帮助学生理解和掌握专业知识与技能，并应用于未来的学习和工作中，服务学生终身学习。

本书可作为职业院校物联网相关专业、计算机相关专业的教材，也可作为工程技术人员的参考用书。

图书在版编目（CIP）数据

物联网运维与服务 / 王恒心，林世舒主编. —北京：电子工业出版社，2023.8

ISBN 978-7-121-46138-5

Ⅰ．①物… Ⅱ．①王… ②林… Ⅲ．①物联网－职业教育－教材 Ⅳ．①TP393.4 ②TP18

中国国家版本馆 CIP 数据核字（2023）第 152755 号

责任编辑：张　凌
印　　刷：三河市华成印务有限公司
装　　订：三河市华成印务有限公司
出版发行：电子工业出版社
　　　　　北京市海淀区万寿路 173 信箱　　　邮编　100036
开　　本：880×1230　　1/16　　印张：13.75　　字数：309 千字
版　　次：2023 年 8 月第 1 版
印　　次：2024 年 7 月第 2 次印刷
定　　价：43.00 元

凡所购买电子工业出版社图书有缺损问题，请向购买书店调换。若书店售缺，请与本社发行部联系，联系及邮购电话：（010）88254888，88258888。

质量投诉请发邮件至 zlts@phei.com.cn，盗版侵权举报请发邮件至 dbqq@phei.com.cn。

本书咨询联系方式：（010）88254583，zling@phei.com.cn。

前　言

近年来，随着国家深入推进物联网全面发展，物联网工程项目的建设出现了新的业态模式的转变，整个行业急需大量的人才。党的二十大报告指出，教育、科技、人才是全面建设社会主义现代化国家的基础性、战略性支撑。必须坚持科技是第一生产力、人才是第一资源、创新是第一动力，深入实施科教兴国战略、人才强国战略、创新驱动发展战略，开辟发展新领域新赛道，不断塑造发展新动能新优势。为了贯彻党的十二大精神，响应国家政策，满足行业发展需求，培养一批物联网工程实施、系统部署与运行维护人才势在必行。中职院校是培养高素质专业人才的主要阵地，在职教改革的背景下，有责任及时调整专业人才培养方案，保证教学内容与岗位职业能力的有效衔接。因此，为保证产业的发展与人才培养的紧密对接，编者结合多年的教学与工程实践经验，编写了这本《物联网运维与服务》。

本书的特点如下。

1. 以书证融通为出发点，对接行业发展与岗位需求

本书结合"国家职业教育综合改革方案"等，落实"1+X"证书制度，深化三教改革要求，围绕书证融通模块化课程体系，对接行业发展的新知识、新技术、新工艺、新方法，聚焦物联网运维与服务的岗位需求，将职业等级证书中的工作领域、工作任务、职业能力融入课程的教学内容，包括服务器搭建、数据库部署、应用程序安装配置、系统运行监控、故障处理等模块，对传统课程进行了改革。

2. 突出"双核"培养，将学生职业能力发展贯穿始终

本书通过项目（任务）完成应用知识向职业核心能力的转化，在任务实施中嵌入自主学习、团队合作、自我管理、交流沟通、信息处理、综合创新等核心职业能力培养的内容，将专业核心技能与职业核心能力"双核"并举的理念贯穿于各个项目（任务）中，旨在综合提升学生职业能力，全方位促进学生职业发展。

3. 以学生为主体，提高学生学习主动性

本书坚持"以学生为中心，突出学生的主体地位"的理念，在"职业能力目标""任务描述与要求""知识储备""任务实施""任务小结"环节的设计中，注重发挥学生作为学习主体的作用，同时重视教师的引导、组织和督促作用。在教与学的过程中坚持理论联系实际，为学生提供丰富的实操练习，促进其对理论知识的吸收，从而提升学习效果。

4．多元化的教学评估方式，综合考查学生职业能力

为促进学生职业能力的培养，本书采取多元化的教学评估方式，如通过服务器搭建、安全策略设置、仿真图绘制、仿真系统部署、数据库部署、应用程序安装及卸载、系统运行监控、故障处理等考查学生专业知识应用能力；通过独立操作、查阅资料、团队合作等多种方式，综合考查学生的职业能力。

5．以立体化资源为辅助，提升课堂教学效果

本书以"信息技术+"助力新一代信息技术专业升级，满足中职院校学生多样化的学习需求，通过配备丰富的微课视频、PPT、教案、题库等资源，大力推进"互联网+""智能+"教育新形态，推动教育教学改革创新。

6．以校企合作为原则，培养应用型人才

本书由温州市职业中等专业学校和北京新大陆时代科技有限公司联合开发，充分发挥院校人才培养经验和企业优势，利用企业对岗位需求的认知以及培训评价组织对专业技能的把控，结合教材开发与教学实施的经验，保证本书的适应性与可行性。

本书以物联网系统服务器搭建与配置为主线，以实际工作过程为导向，以真实案例为载体，以具体任务为驱动，重点培养学生系统部署、应用及运维方面的知识、技能与素养。本书共有 6 个项目，参考课时为 72 课时，各项目的知识重点和课时建议见下表。

项 目 名 称	任 务 名 称	知 识 重 点	建议课时数
项目 1 智慧农业——环境监测系统服务器搭建与配置	任务 1 环境监测系统服务器操作系统安装及运行环境配置	1．Windows Server 2019 操作系统的安装与配置；	5
	任务 2 环境监测系统服务器安全策略设置	2．服务器安全策略设置；	5
	任务 3 环境监测系统 Web 服务器搭建	3．Web 服务器的搭建	4
项目 2 智能制造——生产线 AIoT 平台仿真	任务 1 生产线 AIoT 平台仿真图绘制	1．AIoT 平台仿真图绘制的方法；	4
	任务 2 生产线 AIoT 平台虚拟仿真	2．AIoT 平台虚拟仿真的使用	6
项目 3 智慧建筑——建筑物倾斜监测系统数据库部署	任务 1 建筑物倾斜监测系统的数据库安装	1．MySQL 数据库的安装；	4
	任务 2 建筑物倾斜监测系统的数据库管理	2．使用 Navicat 管理数据库的操作	6
项目 4 智能零售——商品售货系统应用程序安装配置	任务 1 基于 Windows 的资产管理系统应用程序安装、配置及卸载	1．Windows 应用程序的安装、配置及卸载；	6
	任务 2 基于 Android 的商品售货系统应用程序安装、配置及卸载	2．Android 应用程序的安装及卸载	4

续表

项 目 名 称	任 务 名 称	知 识 重 点	建议课时数
项目 5 智慧园区——园区数字化监控系统运行监控	任务 1 园区数字化监控系统的服务器日常运行监控	1. 服务器日常运行监控工具的使用； 2. 数据库日常运行监控的操作； 3. AIoT 平台日常运行监控的方法	5
	任务 2 园区数字化监控系统的数据库日常运行监控		5
	任务 3 园区数字化监控系统的 AIoT 平台日常运行监控		4
项目 6 智慧仓储——货物分拣管理系统故障处理	任务 1 货物分拣管理系统服务器故障处理	1. 服务器故障处理的方法； 2. 数据库故障处理的方法； 3. AIoT 平台虚拟机终端故障处理的方法	4
	任务 2 货物分拣管理系统数据库故障处理		6
	任务 3 货物分拣管理系统 AIoT 平台虚拟机终端故障处理		4
合计（学时）			72

本书项目均选自真实案例，包含对岗位典型工作任务的分析等。本书由王恒心、林世舒负责统稿，王信约负责编写项目 1，洪顺进负责编写项目 2，王恒心负责编写项目 3，周秀霞负责编写项目 4，廖诗发负责编写项目 5，刘金武负责编写项目 6，各项目编写人员负责对应项目的信息化资源制作，张乒乒、侯榕婷、黄兴任、翁平、杨佳佳、黄凯、李江、郑方方、赵明海参与案例资源的收集和本书资源的制作。

由于编者水平有限，书中难免有错误和疏漏之处，恳请广大读者批评指正。

编　者

目 录

智慧农业——环境监测系统服务器搭建与配置

✏ 引导案例

　　新中国成立以来，中国农业虽然实现了机械化生产的普及，节约了劳动力成本、提高了生产效率，但是依然存在着缺陷。典型的缺陷是农产品质量参差不齐、附加值低，需要通过精细化管理来改善。物联网技术能够为农产品的精细化管理提供强有力的支撑，可以通过实时监控农产品的生长环境，及时采取调控措施，保障农产品顺利生长，从而提高农产品质量和附加值，促进中国农业朝着精细化和智能化方向发展。

　　智慧农业——环境监测系统（见图 1-1-1）是基于物联网技术打造的农产品实时环境监测系统，包括传感器、执行器、信号传输线路及服务器，其中服务器是整个系统的核心组成部分。因此，正确完成服务器的操作系统安装、运行环境配置、安全策略设置、Web 服务搭建对整个系统而言非常重要。

图 1-1-1　智慧农业——环境监测系统

任务 1　环境监测系统服务器操作系统安装及运行环境配置

职业能力目标

- 能根据现场的实际要求，完成虚拟机软件的选择、安装和配置。
- 能根据服务器配置，完成操作系统的选择、安装和配置。
- 能根据系统应用软件的需要，完成运行环境相关软件的安装和配置。

任务描述与要求

任务描述：

L 公司长期深耕于物联网行业，业务涵盖物联网的设计、施工及运维等相关领域。近期，L 公司承接了 N 农场的智慧农业——环境监测系统项目。N 农场希望该系统能实现对其农产品生长过程的全程监测，对温湿度、光照等关键环境要素进行实时调整，以及通过后台服务器完成环境监测和调控。

L 公司决定安排工程师 LA 负责服务器的搭建和配置。LA 抵达现场后，通过合同约定、现场实际环境勘察及用户意见沟通，确定通过虚拟机搭载 Windows Server 2019 操作系统，并安装 .NET Framework 和 JDK 软件，从而完成服务器的操作系统安装和运行环境配置。

任务要求：

- 选择虚拟机软件并完成安装和配置。
- 完成 Windows Server 2019 操作系统的安装。
- 完成 .NET Framework 和 JDK 软件的安装。

知识储备

1.1.1　虚拟机介绍

虚拟机，英文全称为 Virtual Machine，是指通过软件来模拟出完整的计算机系统，模拟的系统具备硬件系统功能，并运行在彻底隔离的环境中。简单的理解就是，虚拟机能够实现实体计算机的功能，并完成各项工作任务。当虚拟机安装在实体计算机（宿主机）上时，需要将宿主机的部分硬盘和内存容量作为虚拟机的硬盘和内存容量。每个虚拟机都有独立的 CMOS、硬盘和操作系统，用户可以像使用实体计算机一样对虚拟机进行操作。

1. 虚拟机分类

（1）系统虚拟机

系统虚拟机是一种安装在 Windows 计算机上的虚拟操作环境，其本质是宿主机上的文件，而非真正意义上的操作系统。但是系统虚拟机可以实现与真实的操作系统一样的功能。常见的系统虚拟机有 Linux 虚拟机、Microsoft 虚拟机、Mac 虚拟机、BM 虚拟机、HP 虚拟机、SWsoft 虚拟机、SUN 虚拟机、Intel 虚拟机、AMD 虚拟机、BB 虚拟机等。

（2）程序虚拟机

程序虚拟机可以在实体计算机上仿真模拟计算机的各种功能，是一个虚构出来的计算机程序。程序虚拟机具有完善的硬件架构，如处理器、堆栈、寄存器等，以及相应的指令系统。典型的程序虚拟机有 Java 虚拟机（简称 JVM）。

（3）操作系统层虚拟化

操作系统层虚拟化是一种虚拟化技术，可以将操作系统内核虚拟化，允许用户将软件物件的空间分割成几个独立的单元并在内核中运行，而不只运行一个单一物件。软件物件通常也被称为容器（Container）、虚拟引擎（Virtualization Engine）、虚拟专用服务器（Virtual Private Server）或 Jail。典型的软件物体有 Docker 容器。

2．主流虚拟机软件

（1）VMware Workstation

VMware 是 EMC 公司下属的一个独立软件公司，于 1998 年 1 月创立，主要研究在工业领域中应用的大型主机级的虚拟技术计算机，并于 1999 年发布了它的第一款产品：基于主机模型的虚拟机 VMware Workstation。VMware 目前是虚拟机市场上的领航者，首先提出并采用的气球驱动程序、影子页表、虚拟设备驱动程序等均被后来的其他虚拟机采用。在 VMware 中可以同时运行 Linux 各种发行版本、DOS、Windows 各种版本、UNIX 等。

（2）VirtualBox

VirtualBox 由德国 Innotek 公司开发，由 Sun Microsystems 公司出品，是一款开源的虚拟机软件。在 Sun Microsystems 公司被 Oracle 公司收购之后，该软件正式更名为 Oracle VM VirtualBox。用户可以在 VirtualBox 上安装并执行 Solaris、Windows、DOS、Linux、OS/2 Warp、BSD 等系统，并将其作为客户端操作系统。

（3）Virtual PC

Virtual PC 是最新的 Microsoft 虚拟化技术。使用此技术可以在一台计算机上同时运行多个操作系统。和其他虚拟机一样，Virtual PC 可以在一台计算机上同时模拟多台计算机，虚拟的计算机使用起来与真实的计算机一样，还可以进行 BIOS 设定、硬盘进行分区、格式化、操作系统安装等功能操作。

1.1.2　Windows Server 2019 介绍

根据不同的公司和操作系统内部结构划分，目前市面上主流的网络操作系统可以分为 Windows 类、Linux 类、UNIX 类等。归属 Windows 类的 Windows Server 系列是 Microsoft 公司在 2003 年 4 月 24 日推出的服务器操作系统，其核心是 Microsoft Windows Server

System，目前最新的服务版本是 Windows Server 2019。Windows 类的服务器操作系统在界面图形化、多用户、多任务、网络支持、硬件支持等方面都有良好表现。

1．Windows Server 2019 功能

（1）混合云

Windows Server 2019 提供混合云服务，包括具有 Active Directory 的通用身份平台、基于 SQL Server 技术构建的通用数据平台，以及混合管理和安全服务。

① 混合管理

混合管理功能为 Windows Server 2019 的内置功能。Windows Admin Center（管理中心）将传统的 Windows Server 管理工具整合到基于浏览器的现代远程管理应用中，该应用适用于任何位置（包括物理环境、虚拟环境、本地环境、Azure 和托管环境）上运行的 Windows Server。

② Server Core

Windows Server 2019 中的 Server Core 按需应用兼容性功能，包含具有桌面体验图形环境的 Windows Server 的一部分二进制文件和组件，无须添加环境本身，因此显著提高了 Windows Server 核心安装选项的应用兼容性，增加了 Server Core 的功能，同时尽可能保持精简。

（2）安全增强

Windows Server 2019 中的安全性方法包括 3 个方面：保护、检测和响应。

① Windows Defender 高级威胁检测

Windows Server 2019 集成的 Windows Defender 高级威胁检测可发现和解决安全漏洞，攻击防护可帮助防止主机入侵。该功能会锁定设备以避免攻击媒介的攻击，并阻止恶意软件攻击中常用的行为。而保护结构虚拟化功能适用于 Windows Server 或 Linux 工作负载的受防护虚拟机，可保护虚拟机工作负载免受未经授权的访问。打开具有加密子网的交换机的开关，即可保护网络流量。

② Windows Defender ATP

Windows Server 2019 将 Windows Defender 高级威胁防护（ATP）嵌入到了操作系统中，可提供预防性保护，检测攻击、零日漏洞及其他功能。这使得用户可以访问深层内核和内存传感器，从而提高性能和防篡改，并在服务器计算机上启用响应操作。

（3）容器改进

Windows Server 2019 的容器技术可帮助 IT 专业人员和开发人员进行协作，从而更快地交付应用程序。通过将应用从虚拟机迁移到容器中，同时将容器优势转移到现有应用中，且只需最少量的代码更改。

① 容器支持

Windows Server 2019 可以借助容器更快地实现应用现代化。它提供更小的 Server Core 容器镜像，可加快下载速度，并为 Kubernetes 集群和 Red HatOpenShift 容器平台的计算、存储和网络连接提供更强大的支持。

② 工具支持

Windows Server 2019 改进了 Linux 操作，基于之前对并行 Linux 和 Windows 容器的支持，还可为开发人员提供对 Open SSH、Curl 和 Tar 等标准工具的支持，从而降低复杂性。

③ 应用程序兼容

Windows Server 2019 使基于 Windows 的应用程序容器化变得更加简单，提高了现有 Server Core 容器映像的应用兼容性。

④ 性能改进

Windows Server 2019 基本容器映像的安装包大小、本地文件的大小和启动时间都得到了改善，从而加快了容器工作流。

（4）超融合

Windows Server 2019 中的技术扩大了超融合基础架构（HCI）的规模，增强了性能和可靠性。通过具有成本效益的高性能软件定义的存储和网络使 HCI 民主化，它允许部署规模从两个节点扩展到多达 100 个节点。

Windows Server 2019 中的 Windows Admin Center 是一个基于轻量浏览器且部署在本地的平台，可整合资源以增强可见性和可操作性，进而简化 HCI 部署的日常管理工作。

2. Windows Server 2019 版本介绍

（1）许可版本

Windows Server 2019 目前包括 3 个许可版本，各个版本的应用场景如下。

① Datacenter Edition（数据中心版）

Datacenter Edition 适用于高虚拟化数据中心和云环境。

② Standard Edition（标准版）

Standard Edition 适用于物理或最低限度虚拟化环境。

③ Essentials Edition（基本版）

Essentials Edition 适用于最多 25 个用户或最多 50 台设备的小型企业。

（2）版本区别

基本版目前应用较少，所以主要对标准版和数据中心版两个版本进行比较，如表 1-1-1 所示。其中，Hyper-V 是 Microsoft 提出的一种系统管理程序虚拟化技术，能够实现桌面虚拟化，设计目的是为广泛的用户提供更为熟悉、成本效益更高的虚拟化基础设施软件，这样可以降低运作成本、提高硬件利用率、优化基础设施并增强服务器的可用性。

表 1-1-1　标准版和数据中心版两个版本比较

功　　能	Windows Server 2019 Standard	Windows Server 2019 Datacenter
可用作虚拟化主机	支持，每个许可证允许运行两台虚拟机及一台 Hyper-V 主机	支持，每个许可证允许运行无限台虚拟机及一台 Hyper-V 主机
Hyper-V	支持	支持，包括受防护的虚拟机
网络控制器	不支持	支持
容器	支持（Windows 容器不受限制；Hyper-V 容器最多为两个）	支持（Windows 容器和 Hyper-V 容器均不受限制）
主机保护对 Hyper-V 支持	不支持	支持
存储副本	支持（一种合作关系和一个具有单个 2TB 卷的资源组）	支持，无限制
存储空间直通	不支持	支持
继承激活	在托管于数据中心时作为访客	可以是主机或访客

1.1.3　Microsoft. NET Framework 介绍

Microsoft.NET Framework（简称.NET Framework）是用于 Windows 的新托管代码编程模型。其用于构建具有视觉上引人注目的用户体验的应用程序，能实现跨技术边界的无缝通信，并且能支持各种业务流程。每台计算机上都需要安装 Microsoft.NET Framework，它是开发框架的运行库。如果程序开始是使用.NET 开发的，则需要使用 Microsoft.NET Framework 作为底层框架。

Microsoft.NET Framework 支持生成和运行 Windows 应用及 Web 服务，旨在实现下列目标。

- 提供一个一致的、面向对象的编程环境，无论对象代码是在本地、Web 服务器中，还是远程存储和执行。
- 提供一个将软件部署和版本控制冲突最小化的代码执行环境。
- 提供一个可提高代码（包括由未知的或不完全受信任的第三方创建的代码）执行安全性的代码执行环境。
- 提供一个可消除脚本环境或解释环境的性能问题的代码执行环境。
- 使开发人员的经验在面对类型大不相同的应用（如基于 Windows 的应用和基于 Web 的应用）时保持一致。
- 按照工业标准生成所有通信，确保基于.NET Framework 生成的代码可与任何其他代码集成。

1.1.4　Java Development Kit 介绍

Java 运行环境（Java Runtime Environment，简称 JRE）是一个软件，可以让计算机系统运行 Java 应用程序（Application Program）。JRE 的内部有一个 Java 虚拟机（Java Virtual Machine，简称 JVM），以及一些标准的类别函数库（Class Library）。

Java Development Kit（简称 JDK）是 Java 语言的软件开发工具包，主要用于移动设备、嵌入式设备上的 Java 应用程序。JDK 是整个 Java 开发的核心，包含了 JRE 和 Java 工具。

没有 JDK 的话，无法编译 Java 程序（指 Java 源码.java 文件）。如果只想运行 Java 程序（指 class 或 jar 或其他归档文件），则要确保已安装相应的 JRE。JVM、JRE、JDK 之间的关系如图 1-1-2 所示。

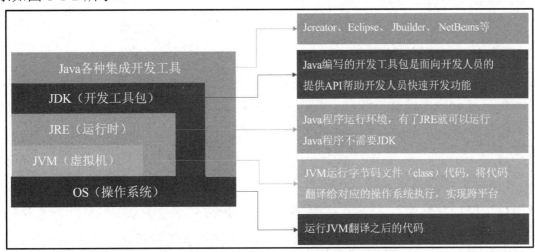

图 1-1-2　JVM、JRE 和 JDK 之间的关系

📖 任务实施

1．环境监测系统虚拟机安装

本任务选用 VirtualBox 作为虚拟机安装软件，具体操作如下。

（1）VirtualBox 软件下载

访问 VirtualBox 官方网站，根据本任务的宿主机使用的是 Windows 系统这一情况，选择"Windows hosts"选项，如图 1-1-3 所示。

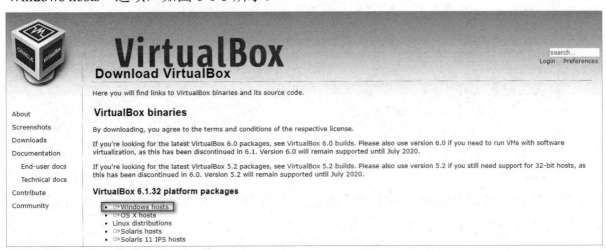

图 1-1-3　VirtualBox 软件下载

（2）VirtualBox 软件安装

软件安装过程极为简单，双击待安装软件，按照默认的提示安装即可。

2．环境监测系统 Windows Server 2019 安装

（1）Windows Server 2019 下载

Microsoft 官方网站提供各种版本的 Windows 操作系统下载源，如下载 Windows Server 2019，只需到 Microsoft 官方网站，按照网页提示下载软件即可。

（2）Windows Server 2019 安装

在已经安装的虚拟机上进行 Windows Server 2019 操作系统的安装，具体操作如下。

① 虚拟电脑的创建

单击"新建"按钮，在"名称"文本框中输入虚拟电脑名称"Windows Server 2019"，在"版本"下拉列表中选择"Other Windows（64-bit）"选项，如图 1-1-14 所示。单击"下一步"按钮，在弹出的对话框中设置内存容量，建议至少为 4096MB，并选择"现在创建虚拟硬盘"选项。

② 虚拟硬盘的创建

将"虚拟硬盘文件类型"设置为"VDI（VirtualBox，磁盘映像）"，将"硬盘空间使用"设置为"动态分配"，单击"下一步"按钮。选择文件存放的位置，设置硬盘大小，建议设置为"30GB"，如图 1-1-5 所示。

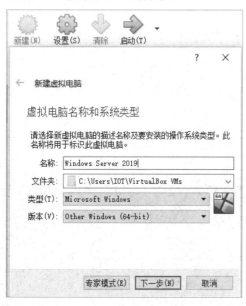

图 1-1-4　新建虚拟电脑

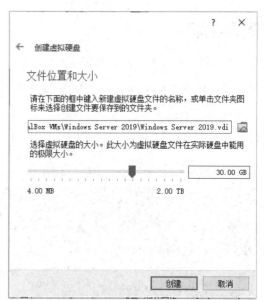

图 1-1-5　创建虚拟硬盘

③ 虚拟电脑的启动

在"Oracle VM VirtualBox 管理器"界面左侧列表中出现了"Windows Server 2019"选项，单击"启动"按钮，如图 1-1-6 所示。

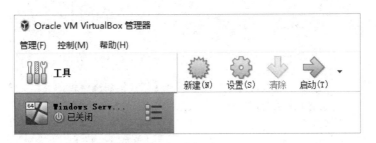

图 1-1-6　启动虚拟电脑

④ 启动盘的选择

在"选择启动盘"对话框中,选择 Windows Server 2019 的 ISO 文件,单击"启动"按钮,如图 1-1-7 所示。

图 1-1-7　选择启动盘

⑤ Windows Server 2019 安装过程

按照安装程序向导的提示进行安装,在倒数第二个设置步骤之前都较为简单,这里只做简要说明,具体操作如下。

➤"要安装的语言""时间和货币格式""键盘和输入方法"均选择默认,单击"下一步"按钮。

➤在弹出的对话框中单击"现在安装"按钮。

➤在"激活 Windows"对话框中选择"我没有产品密钥"选项。

➤在"选择要安装的操作系统"对话框中选择"Windows Server 2019 Standard(桌面体验)"选项,单击"下一步"按钮。

➤在"适用的声明和条款"对话框中勾选"我接受许可条款"复选框,单击"下一步"按钮。

➤在"你想执行哪种类型的安装"对话框中,勾选"自定义,仅安装 Windows(高级)"复选框。

⑥ 磁盘空间的划分

磁盘空间的划分至关重要,当出现"你想将 Windows 安装在哪里"对话框时,需要创建分区,如图 1-1-8 所示。单击"新建"按钮,输入磁盘大小,比如 15360MB(建议系统盘大小至少为 10240MB,即 10GB),单击"应用"按钮,建议将硬盘至少划分为两个分区。

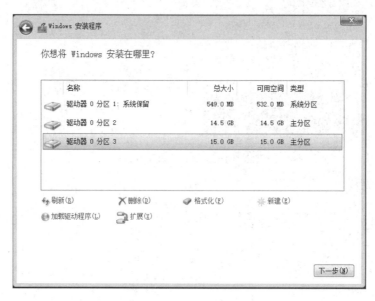

图 1-1-8　划分磁盘空间

⑦ 登录密码的设置

在操作系统自动安装完成之后，提示设置初始登录密码，初始登录密码的要求如下。

➢ 不能包含用户的账户名。

➢ 至少有 6 个字符。

➢ 至少包含以下 4 类字符中的 3 类字符：英文大写字母（A～Z）、英文小写字母（a～z）、基本数字（0～9）、非字母字符（如 !、$、#、%）。

3．环境监测系统 Windows Server 2019 网络配置

在虚拟机上完成 Windows Sever 2019 操作系统的安装工作之后，该操作系统还需要能够对 Internet 网络进行访问。因此，还要做相应的网络配置，具体操作如下。

（1）设置 VirtualBox

在 "Orade VM VirtualBox 管理器" 界面中完成宿主机与虚拟机之间的网络设置。选择 "Windows Sever 2019" 选项，单击 "设置" 按钮，在 "Windows Server 2019-设置" 界面中选择 "网络" 选项，在对应的选项卡中将 "连接方式" 设置为 "桥接网卡"，"界面名称" 设置为宿主机当前连接 Internet 使用的网卡，"混杂模式" 设置为 "全部允许"，单击 "OK" 按钮。设置界面如图 1-1-9 所示。

（2）宿主机和虚拟机间的网络测试

在宿主机上通过 "Win+R" 组合键打开 "运行" 程序，在文本框中输入 "cmd"，单击 "确定" 按钮，打开命令提示符窗口。在打开的窗口中输入 "ipconfig /all" 命令，如图 1-1-10 所示，获取宿主机的 IP 地址，如 192.168.1.4。

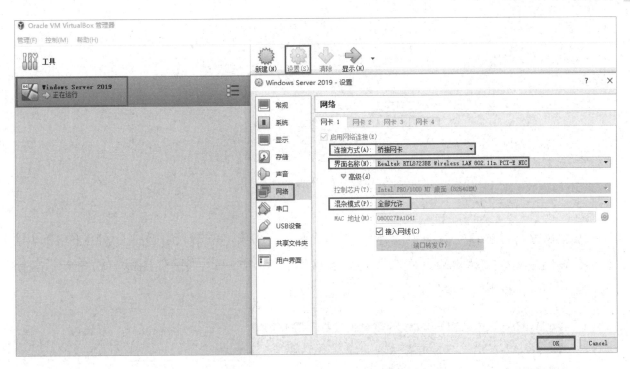

图 1-1-9　VirtualBox 虚拟机网络设置

在虚拟机上同样通过"Win+R"组合键打开"运行"程序，在文本框中输入"cmd"，单击"确定"按钮，打开命令提示符窗口。使用"ping 宿主机 IP"命令，测试虚拟机与宿主机间网络连接的通断，能 ping 通并且无任何丢包表明连接正常，如图 1-1-11 所示。

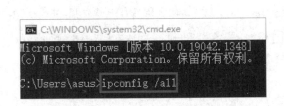

图 1-1-10　获取宿主机 IP 地址的命令　　　　图 1-1-11　虚拟机与宿主机连接验证

（3）虚拟机静态 IP 地址设置

日常中可能还会需要将虚拟机 IP 地址设置为固定值，这里也进行简单说明，具体操作如下。

① 服务器管理器

右击"此电脑"，在弹出的快捷菜单中选择"管理"命令，如图 1-1-12 所示，弹出"服务器管理器"界面。

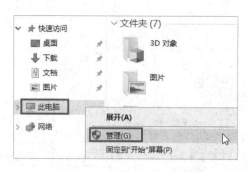

图 1-1-12　打开服务器管理器

② 网络连接

在"服务器管理器"界面中选择"本地服务器"选项，单击"由 DHCP 分配的 IPv4 地址，IPv6 已启用"文字链接，双击"网络连接"界面中的"以太网"图标，如图 1-1-13 所示，弹出"以太网状态"对话框。

图 1-1-13　打开网络连接

③ IP 地址设置

在"以太网状态"对话框中单击"属性"按钮，弹出"以太网属性"对话框，双击"Internet 协议版本 4（TCP/IPv4）"选项，在弹出的"Internet 协议版本 4（TCP/IPv4）属性"对话框中输入需要的 IP 地址、子网掩码、默认网关和 DNS 服务器地址，如图 1-1-14 所示。

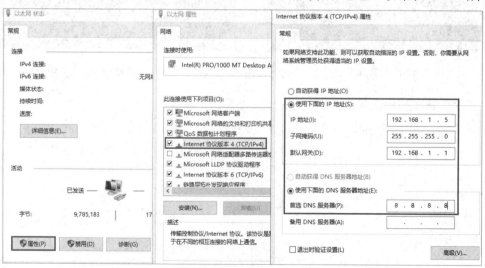

图 1-1-14　设置 IP 地址

4．环境监测系统共享文件夹设置

本操作的目的是在环境监测系统服务器宿主机和虚拟机之间创建共享文件夹，以实现两者之间的文件共享，具体操作如下。

（1）宿主机共享文件夹创建及设置

在宿主机上创建名为"虚拟机共享"的文件夹，右击该文件夹，在弹出的快捷菜单中选择"属性"命令，在弹出的对话框中选择"共享"选项，在"共享"选项卡中单击"共享"按钮，在弹出的对话框中选择要与其共享的用户，比如"asus"，单击"共享"按钮，如图 1-1-15 所示。在后续的对话框中单击"完成"按钮即可。

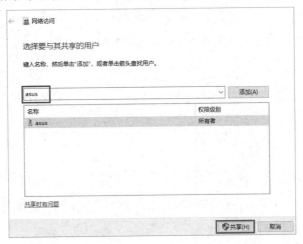

图 1-1-15　设置共享文件夹

（2）VirtualBox 共享设置

在"Oracle VM VirtualBox 管理器"界面中单击"设置"按钮，在"Windows Server 2019-设置"界面中选择"共享文件夹"选项，单击右侧的 图标或者按"Insert"键，在弹出的"添加共享文件夹"对话框中，将"共享文件夹路径"设置为宿主机创建的"虚拟机共享"文件夹的路径，勾选"固定分配"复选框，单击"OK"按钮，如图 1-1-16 所示。

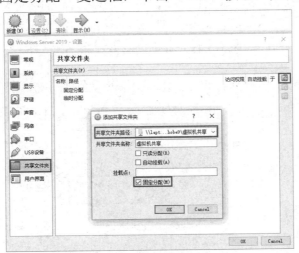

图 1-1-16　设置 VirtualBox 共享

（3）虚拟机共享设置

① 增强功能安装

在虚拟机上单击"设备"按钮，在弹出的快捷菜单中选择"安装增强功能"命令，如图 1-1-17 所示。

图 1-1-17　安装增强功能

② VBoxWindowsAdditions 安装

在"此电脑"界面中单击"CD 驱动器"图标，双击"VBoxWindowsAdditions"应用程序，按照提示完成安装并重启。

③ 网络发现和文件共享设置

在"此电脑"界面中选择"网络"选项，出现提示"文件共享已关闭。看不到网络计算机和设备，单击更改"，选择"启动网络发现和文件共享"选项，如图 1-1-18 所示。

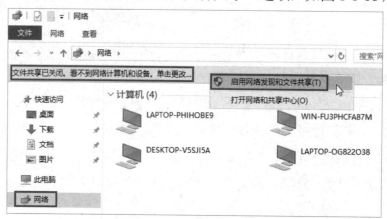

图 1-1-18　启用网络发现和文件共享

随后出现"VBOXSVR"图标，单击该图标可以看到宿主机创建的共享文件夹，通过该文件夹可以实现宿主机和虚拟机之间的文件互传，如图 1-1-19 所示。

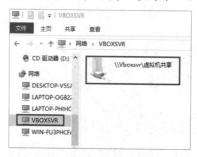

图 1-1-19　查看共享文件夹

5. 环境监测系统 JDK 安装

（1）JDK 软件下载

访问 Oracle 官方网站，选择"资源"→"Java 下载"选项，在 Java 软件列表中选择面向开发人员的 Java（JDK），选择 Windows 版本的 64 位压缩包进行下载。

（2）JDK 软件安装

在虚拟机上安装已经下载的 JDK 压缩包，整个安装过程非常简单，按照提示安装即可。

（3）JDK 环境变量设置

① 环境变量设置界面

右击"此电脑"，在弹出的快捷菜单中选择"属性"命令，在"系统"界面中选择"高级系统设置"选项，在"系统属性"对话框中选择"高级"选项，单击"环境变量"按钮，如图 1-1-20 所示，弹出"系统变量"对话框。

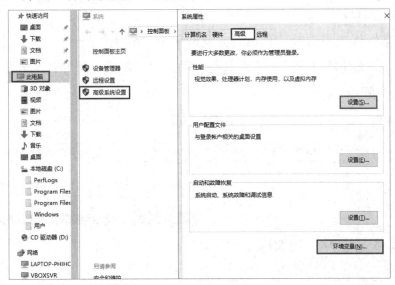

图 1-1-20　设置环境变量

② JAVA_HOME 环境变量设置

单击"新建"按钮，在"新建系统变量"对话框中，新建系统变量"JAVA_HOME"，设置变量值为 JDK 的安装路径，也可以通过单击"浏览目录"按钮选择，单击"确定"按钮，如图 1-1-21 所示，返回"系统变量"对话框。

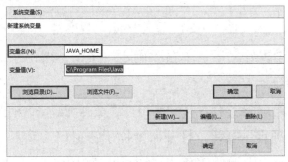

图 1-1-21　设置 JAVA_HOME 环境变量

③ CLASSPATH 环境变量设置

再次单击"新建"按钮，弹出"新建系统变量"对话框，将"变量名"设置为"CLASSPATH"，"变量值"设置为".;%JAVA_HOME%\lib\dt.jar;%JAVA_HOME%\lib\tools.jar"，单击"确定"按钮，如图 1-1-22 所示。

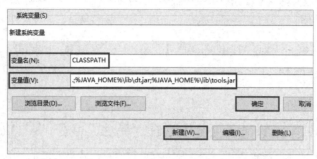

图 1-1-22 设置 CLASSPATH 环境变量

④ Path 环境变量设置

在"系统变量"列表中选择"Path"变量，单击"编辑"按钮，在弹出的"编辑环境变量"对话框中单击"新建"按钮，在文本框中输入"%JAVA_HOME%\bin"，单击"确定"按钮，如图 1-1-23 所示。

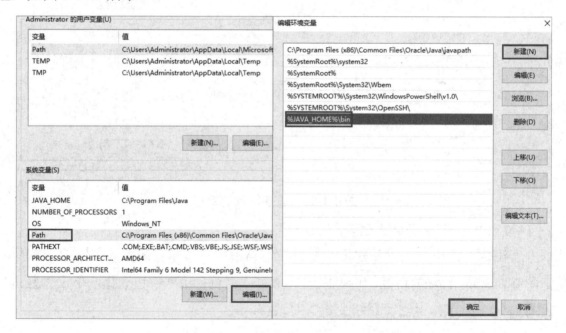

图 1-1-23 设置 Path 环境变量

在 JDK 环境变量都设置好之后，单击"确定"按钮，退出系统环境变量设置界面。

⑤ JDK 安装完成验证

在 JDK 环境变量设置完成之后，按"Win+R"组合键，打开"运行"程序，在文本框中输入"cmd"并单击"确定"按钮，打开命令提示符窗口，输入"java -version"命令。如果能够看到 JDK 的版本号，则说明 JDK 安装成功，如图 1-1-24 所示。

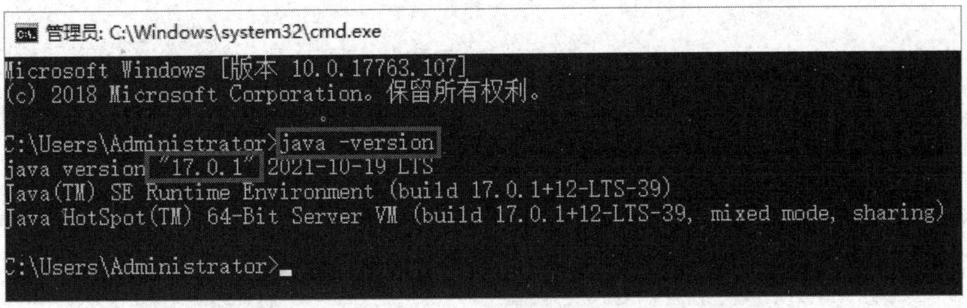

图 1-1-24 验证 JDK 安装完成

6．环境监测系统 Microsoft.NET Framework 安装

（1）Microsoft.NET Framework 下载

访问 Microsoft 官方网站，下载.NET Framework。安装该软件的目的是使采用.NET Framework 开发的应用程序能够在服务器上正常运行，所以不需要下载用于应用程序开发的 Developer Pack 版本，选择包含运行库的 Runtime 版本即可。

（2）Microsoft.NET Framework 安装

在安装 Microsoft.NET Framework 时需要保持与 Internet 网络连接通畅，双击下载的安装文件，即可进行在线安装，整个安装过程按照提示进行即可。

📖 任务小结

本任务介绍了虚拟机、Windows Sever 2019 操作系统、Microsoft.NET Framework 及 JDK 的相关理论知识和安装操作，以及宿主机与虚拟机之间设置共享文件夹的实践方法，让学生能够理解和掌握 Windows 操作系统的安装及运行环境配置，并为后续各个项目的介绍和实践做铺垫。

本任务的知识结构思维导图如图 1-1-25 所示。

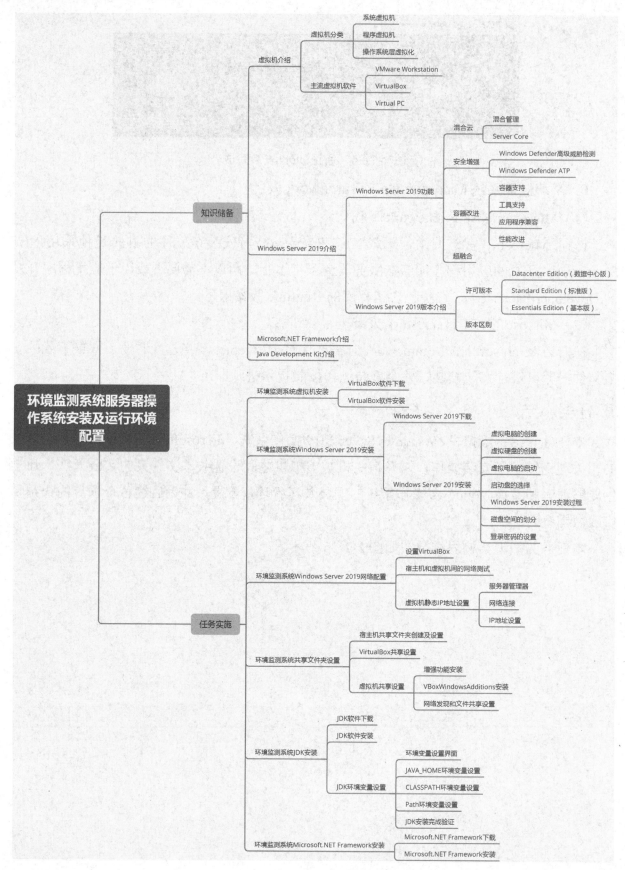

图 1-1-25　知识结构思维导图

任务 2　环境监测系统服务器安全策略设置

🔭 职业能力目标

- 能根据用户管理的需要，完成服务器不同层级的用户和用户组设置。
- 能根据安全性和保密性的需要，完成服务器文件和文件夹权限设置。
- 能根据访问安全的需要，完成服务器本地安全策略和防火墙设置。

⏰ 任务描述与要求

任务描述：

L 公司的工程师 LA 在完成服务器的操作系统安装和运行环境配置之后，项目部根据用户需求，安排 LA 对 N 农场的维护人员 NA 进行一次有关服务器安全管理的技能培训。

LA 通过当前的服务器指导 NA 现场进行实践。考虑到后期运行维护的需要，此次培训 NA 需要掌握的技能包括用户和用户组的设置、文件及文件夹权限的管理、本地安全策略的设置，以及防火墙的设置。

任务要求：

- 完成 Windows Server 2019 服务器用户和用户组的设置。
- 完成 Windows Server 2019 服务器文件及文件夹权限管理。
- 完成 Windows Server 2019 服务器本地安全策略设置。
- 完成 Windows Server 2019 服务器防火墙设置。

🖥 知识储备

1.2.1　用户账户

用户账户是对计算机用户身份的标识，本地用户账户和密码只对本机有效，存储在本地安全账户数据库 SAM 中，文件路径为 "C:\Windows\System32\config\SAM"，对应的进程为 lsass.exe。

在 Windows 操作系统中，可以设置多个用户账户，这些用户账户除了具有区分不同用户的作用，还可以分配不同的权限，从而起到保护系统安全的作用。

1. 用户账户的特征

用户账户具有以下 3 个典型特征。

（1）权限

不同的用户账户可以拥有不同的权限。

（2）名称与密码

每个用户账户都包含一个名称和一个密码。

（3）SID

每个用户账户都拥有一个唯一的安全标识符 SID（Secrurity Identifier）。

2．系统内置账户

Windows Server 2019 标准版内置用户账户有 4 个。

（1）Administrator

Administrator 是管理本地计算机（域）的内置账户，默认密码永不过期。

（2）DefaultAccount

DefaultAccount 是系统管理的内置账户，默认密码永不过期、账号已禁用。

（3）Guest

Guest 是供来宾访问本地计算机或域的内置账户，默认用户不能修改密码、密码永不过期、账户已禁用。

（4）WDAGUtilityAcount

WDAGUtilityAcount 是系统为 Windows Defender 应用程序防护方案管理和使用的账户，默认账户已禁用。

1.2.2　组账户

组账户是一些用户账户的集合，组账户内的用户账户自动具备该组账户被赋予的权限。在 Windows 操作系统中，一个用户账户可以进入多个组，组和组之间可以有不同的权限。合理利用组账户来管理用户权限，可以减轻网络管理的负担。

1．本地内置组账户

Windows Server 2019 内置的本地组账户有很多，在这里主要关注以下 8 个组账户。

（1）Users

Users 组是普通用户组，该组的用户无法进行有意或无意的改动。因此，用户可以运行经过验证的应用程序，但不可以运行大多数旧版应用程序。Users 组是最安全的组，因为分配给该组的默认权限不允许用户修改操作系统的设置或用户资料。Users 组提供了一个最安全的程序运行环境。在经过 NTFS 格式化的卷上，默认安全设置旨在禁止该组的用户执行危及操作系统和已安装程序完整性的操作。用户不能修改系统注册表设置、操作系统文件或程序文件。用户可以创建本地组，但只能修改自己创建的本地组。用户可以关闭工作站，但不能关闭服务器。

（2）Power Users

Power Users 组是高级用户组，可以执行除了为 Administrators 组保留的任务的其他任何操作系统任务。分配给 Power Users 组的默认权限允许该组的用户修改整个计算机的设置。但 Power Users 组不具有将自己添加到 Administrators 组中的权限。在权限设置中，Power Users 组的权限仅次于 Administrators 组。

（3）Administrators

Administrators 组是管理员组。在默认情况下，Administrators 组中的用户对计算机或域有不受限制的完全访问权。分配给 Administrators 组的默认权限允许该组的用户对整个系统进行完全控制。一般来说，应该把系统管理员或与其有着同样权限的用户设置为 Administrators 组的成员。

（4）Guests

Guests 组是来宾组，跟 Users 组的用户有同等的访问权限，但 Guests 组用户的限制更多。

（5）Backup Operators

Backup Operators 组的用户可以通过 Windows Server Backup 工具来备份与还原计算机内的文件，不论他们是否有权限访问这些文件。

（6）Performance Monitor Users

Performance Monitor Users 组的用户可以监视本地计算机的运行性能。

（7）Remote Desktop Users

Remote Desktop Users 组的用户可以通过远程计算机的远程桌面服务进行登录。

（8）Network Configuration Operators

Network Configuration Operators 组的用户可以执行常规的网络配置工作，如更改 IP 地址；但是不能安装、删除驱动程序与服务，也不能执行与网络服务器配置有关的操作，如 DNS 服务器与 DHCP 服务器的设置。

2．特殊组账户

除了前面介绍的组，Windows Server 2019 中还有一些特殊组，这些组的成员无法更改。下面列出几个常见的特殊组。

（1）Everyone

所有用户都属于 Everyone 组。若 Guests 账户被启用的话，则在分配权限给 Everyone 组时要小心，因为如果某用户在计算机内没有账户，那么在通过网络登录计算机时，该计算机会自动允许该用户利用 Guests 账户来连接，因为 Guests 也属于 Everyone 组，所以该用户将具备 Everyone 组所拥有的权限。

（2）Authenticated Users

凡是利用有效的用户账户登录计算机的用户，都属于 Authenticated Users 组。

（3）Interactive

凡是在本地登录（通过按"Ctrl + Alt + Del"组合键的方式登录）的用户，都属于 Interactive 组。

（4）Network

凡是通过网络来登录计算机的用户，都属于 Network 组。

（5）Anonymous Logon

凡是未利用有效的用户账户登录计算机的用户（匿名用户），都属于 Anonymous Logon 组。Anonymous Logon 默认并不属于 Everyone 组。

1.2.3 文件及文件夹权限

用户在访问服务器资源时，需要具备相应的文件及文件夹权限。值得注意的是，这里的权限仅适用于文件系统为 NTFS 或者 ReFS 的磁盘，其他的文件系统如 exFAT、FAT32 及 FAT 均不具备权限功能。

权限可划分为基本权限与特殊权限，其中基本权限已经可以满足日常需求，故本书针对基本权限进行介绍。

1. 基本权限的种类

基本权限可以按文件和文件夹来分类。

（1）文件基本权限的种类

① 读取

具备读取权限的用户可以读取文件内容、查看文件属性与权限等；还可以通过打开"文件资源管理器"窗口，右击文件，在弹出的快捷菜单中选择"属性"命令的方法来查看只读、隐藏等文件属性。

② 写入

具备写入权限的用户可以修改文件内容、在文件中追加数据与改变文件属性等（用户至少具备读取权限和写入权限才可以修改文件内容）。

③ 读取和执行

具备读取和执行权限的用户除了具备读取的所有权限，还具备执行应用程序的权限。

④ 修改

具备修改权限的用户除了具备上述的所有权限，还可以删除文件。

⑤ 完全控制

具备完全控制权限的用户拥有上述的所有权限，以及可更改权限与取得所有权的特殊权限。

（2）文件夹基本权限的种类

① 读取

具备读取文件夹权限的用户可以查看文件夹中文件与子文件夹的名称、文件夹的属性与权限等。

② 写入

具备写入文件夹权限的用户可以在文件夹中新建文件与子文件夹、改变文件夹的属性等。

③ 列出文件夹内容

除了拥有读取权限，还具备遍历文件夹的权限，即可以进出此文件夹的权限。

④ 读取和执行

读取和执行权限与列出文件夹内容权限相同。不过列出文件夹内容权限只会被文件夹继承，而读取和执行权限会同时被文件夹与文件继承。

⑤ 修改

具备修改文件夹权限的用户除了拥有上述所有权限，还可以删除文件夹。

⑥ 完全控制

具备完全控制文件夹权限的用户拥有上述所有权限，以及可更改权限与取得所有权的特殊权限。

2．用户最终有效权限

在实际操作中，用户可以归属不同的组，不同的组对某个文件或文件夹的权限并不一定相同。由此，用户最终是否具备对某个文件或文件夹的权限，存在如下规则。

（1）权限继承

在对文件夹设置权限之后，这个权限默认会被该文件夹的子文件夹与文件继承。

例如，设置用户 A 对甲文件夹拥有读取的权限，则用户 A 对甲文件夹内的文件也拥有读取的权限。

（2）权限累加

如果用户同时属于多个组，且该用户与这些组分别对某个文件或文件夹拥有不同的权限设置，则该用户对这个文件的最终有效权限是所有权限的总和。

例如，若用户 A 本身具备对文件 F 的写入权限，且该用户同时属于业务部组和经理组，其中业务部组具备对文件 F 的读取权限，经理组具备对文件 F 的执行权限；则用户 A 对文件 F 的最终有效权限为所有权限的总和，即写入+读取+执行。

（3）"拒绝"权限优先级更高

虽然用户对某个文件的有效权限是其所有权限的总和，但是如果其中有权限被设置为拒绝，则用户将不会拥有任何访问权限。

例如，用户 A 本身具备对文件 F 的读取权限，该用户同时属于业务部组和经理组，且其对于文件 F 的权限为拒绝读取和修改，则用户 A 的读取权限会被拒绝，即用户 A 无法读取文件 F。

1.2.4 本地安全策略

系统管理员通过组策略充分控制和管理用户的工作环境，可以确保用户拥有受控制的工作环境，以及限制用户。从而让用户拥有适当的环境，同时减轻服务器管理人员的管理负担。组策略可以通过本地安全策略和域组策略实现，其中域组策略优先级高于本地安全策略，即如果设置了域组策略，那么本地安全策略将失效。考虑到本书面向学生群体，这里只对本地安全策略进行讲解。

本地安全策略包含计算机配置与用户配置两部分，计算机配置只对计算机环境产生影响，而用户配置只对用户环境产生影响。本地安全策略是用来设置本地单一计算机的策略，该策略中的计算机配置只会被应用于这台计算机，而用户配置会被应用于这台计算机上登录的所有用户。

本地安全策略用于提升本地服务器的安全性，包括账户策略（包括密码策略、账户锁定策略）和本地策略（包括用户权限分配和安全选项策略）。

1．密码策略

在 Windows Server 2019 操作系统中，密码策略有以下可供设置的选项，其详细功能及要求如下。

（1）密码必须符合复杂性要求

用户的默认密码必须满足以下要求。

- 不能包含用户账户名称或全名。
- 长度至少要 6 个字符。
- 至少要包含 A～Z，a～z，0～9，特殊字符（如!、$、#、%）等 4 类字符中的 3 类。

按照上述要求，111AAAaaa 是有效密码，而 1234AAAA 是无效密码，因为它只使用了数字和大写字母两种字符组合。如果用户账户名称为 Mike，那么 123ABCMike 是无效密码，因为它包含了用户账户名称。

（2）密码长度最小值

密码长度最小值用来设置用户的密码最少需要几个字符，它的取值范围为 0～14，默认值为 0，表示允许用户不设置密码。

（3）密码最短使用期限

密码最短使用期限用来设置用户密码最短的使用期限，在期限未到之前，用户不能修改密码。它的取值范围为 0～998 天，默认值为 0，表示允许用户随时更改密码。

（4）密码最长使用期限

密码最长使用期限用来设置密码最长的使用期限，用户在登录时，如果密码已经到使用期限，那么系统会要求用户更改密码。它的取值范围为 0～999 天，0 表示密码没有使用期限限制，默认值是 42 天。

（5）强制密码历史

强制密码历史用来设置是否保存用户曾经使用过的旧密码，并确定在用户修改密码时是否允许重复使用旧密码，具体取值的含义如下。

- 1~24：表示要保存密码历史记录。如果设置为 6，那么表示用户的新密码必须与前 6 次旧密码不同。
- 0：为默认值，表示不保存密码历史记录，因此密码可以被重复使用。

（6）用可还原的加密来储存密码

如果应用程序需要读取用户的密码，并用于验证用户身份，那么可以启用可还原的加密功能来存储密码。不过在开启该功能之后，相当于用户没有进行密码加密，因此除非必要，不要启用此功能。

2．账户锁定策略

账户锁定策略有以下可供设置的选项，详细功能及要求如下。

（1）账户锁定时间

账户锁定时间可以设置锁定账户的时间，时间过后自动解除锁定。它的取值范围为 0~9999 分钟，0 表示永久锁定，不会自动解除锁定，在这种情况下，必须由系统管理员手动解除锁定。

（2）账户锁定阈值

账户锁定阈值可以设置在用户登录多次失败（密码输入错误）之后，锁定用户账户。在未解除锁定之前，用户无法登录此账户。它的取值范围 0~999，默认值为 0，表示账户永远不会被锁定。

（3）账户锁定计数器

账户锁定计数器用来记录用户登录失败的次数，其初始值为 0。如果用户登录失败，那么计数器值加 1；如果登录成功，那么计数器值重置为 0。如果计数器的值达到账户锁定阈值，那么账户将被锁定。

另外，在账户被锁定之前，从上一次登录失败开始计时，如果超过了该计数器所设置的时间长度，那么计数器记录的次数将自动归零。

3．用户权限分配

用户权限分配的功能是将权限分配给特定的用户或组。常见的用户权限如下。

（1）允许本地登录

该权限允许用户直接在计算机上登录。

（2）拒绝本地登录

该权限拒绝用户直接在计算机上登录，且优先于"允许本地登录"权限。

（3）将工作站加入域

该权限允许用户将计算机加入域。

（4）关闭系统

该权限允许用户对计算机进行关机操作。

（5）从网络访问该计算机

该权限允许用户通过网络访问该计算机。

（6）拒绝从网络访问该计算机

该权限拒绝用户通过网络访问该计算机，且优先于"从网络访问该计算机"权限。

（7）从远程系统强制关机

该权限允许用户通过远程计算机来对该计算机进行关机操作。

（8）备份文件和目录

该权限允许用户进行文件和文件夹备用操作。

（9）还原文件和目录

该权限允许用户进行文件和文件夹还原操作。

（10）管理审核和安全日志

该权限允许用户定义待审核的事件，以及查询、清除安全日志。

（11）更改系统时间

该权限允许用户更改该计算机的系统日期和时间。

（12）加载和卸载设备驱动程序

该权限允许用户加载或卸载设备的驱动程序。

（13）取得文件或其他对象的所有权

该权限允许用户夺取其他用户对所拥有的文件或其他对象的所有权。

4．安全选项

安全选项可以用来启用一些安全设置，常用的安全选项如下。

（1）交互式登录：无须按"Ctrl+Alt+Del"组合键

交互式登录是指直接在计算机上登录，而不通过网络登录。该选项可以使登录界面不显示类似在按"Ctrl+Alt+Del"组合键登录时显示的提示消息。

（2）交互式登录：不显示最后的用户名

在客户端登录界面上不显示上一个登录者的用户名。

（3）交互式登录：提示用户在过期之前更改密码

设置后可以在用户密码过期的前几天提示用户更改密码。

（4）交互式登录：之前登录到缓存的次数（域控制器不可用时）

在域用户登录成功后，相关账户信息将被存储到计算机的缓存区中，如果后面该计算机无法与域控制器连接，则该用户在登录时还可以通过缓存区的账户数据来验证身份并登录。通过此策略可以设置缓存区内账户信息的数量，默认记录 10 个登录用户的账户信息。

（5）交互式登录：试图登录的用户的消息文本、试图登录的用户的消息标题

在用户登录时，如果希望在其登录界面上显示提示信息，则需要设置这两个选项来实现，这两个选项分别对应信息内容和标题文字。

（6）关机：允许系统在未登录的情况下关闭

用户通过关机选项可以设置是否在登录界面的右下角显示关机图标，从而在未登录的情况下直接通过此图标对计算机进行关机操作。

1.2.5 防火墙

1. 防火墙的功能

防火墙的功能主要是及时发现并处理在计算机网络运行时可能存在的安全风险、数据传输等问题。防火墙对这些问题的处理措施包括隔离与保护，同时对计算机网络安全中的各项操作实施记录与检测，以确保计算机网络运行的安全性，保障用户资料与信息的完整性，为用户提供更好、更安全的计算机网络使用体验。

2. Windows Defender 防火墙

Windows Server 2019 系统内置的 Windows Defender 防火墙可以保护计算机避免遭受外部恶意软件的攻击。系统默认已经启用 Windows Defender 防火墙。Windows Server 2019 系统将网络位置分为专用网络、公用网络以及域网络，并且能够自动判断与设置计算机所在的网络位置。不同网络位置的计算机有着不同的防火墙设置，安全要求也不同。例如，位于公用网络的计算机，其 Windows Defender 防火墙的设置较为严格，而位于专用网络的计算机的防火墙设置则较为宽松。

Windows Defender 防火墙会阻拦大部分的入站连接，但是可以通过设置允许应用通过防火墙来解除对某些程序的阻拦。

📖 任务实施

1. 环境监测系统用户账户设置

环境监测系统用户账户设置主要涉及本地用户账户创建、本地用户账户修改及密码修改。

（1）本地用户账户创建

创建本地用户账户需要由系统管理员或者借助相应的管理员权限账户进行操作。假设需要在环境监测系统服务器上添加一个本地用户账户，具体要求及相关操作步骤如下。

- 用户账户名为"监测 01"。
- 初始密码设置为"HJJC_01"。
- 密码设置为"用户下次登录时须更改密码"。

单击"开始"按钮，选择"Windows 管理工具"→"计算机管理"选项，打开"计算机

管理"界面,选择"系统工具"→"本地用户和组"→"用户"→"新用户"选项,按要求完成用户名、密码及其他设置,勾选"用户下次登录时须更改密码"复选框,单击"创建"按钮,如图1-2-1所示。

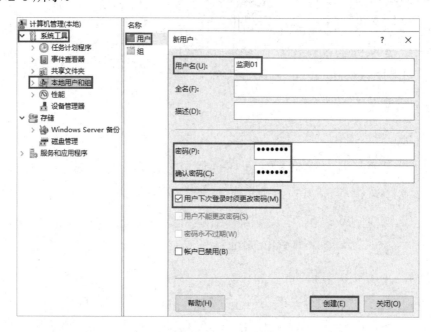

图1-2-1　环境监测系统本地用户账户创建

（2）本地用户账户修改

修改本地用户账户同样需要由系统管理员或者借助相应的管理员权限账户进行操作,包括修改用户账户密码、删除用户账户以及更改用户账户名等操作。

假设需要对新创建的"监测01"账户进行修改,将密码修改为"HJJC_02",相关操作步骤如下。

进入"计算机管理"界面,选择"系统工具"→"本地用户和组"→"用户"选项,右击"监测01"账户,在弹出的快捷菜单中选择"设置密码"命令,如图1-2-2所示,在弹出的对话框中完成新密码的设置。

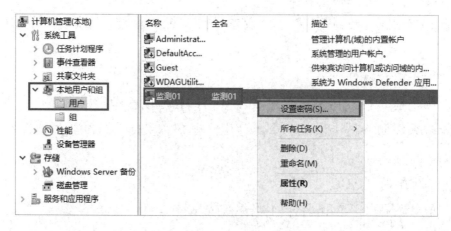

图1-2-2　环境监测系统本地用户账户修改

（3）用户自行修改密码

假设"监测 01"账户的用户需要自行更改密码为"a_12345678"，注意事项和相关操作步骤如下。

注意：用户自行修改密码的前提是该账户被系统管理员在本地用户和组中设置为了"用户下次登录时须更改密码"。

在登录界面中切换到监测 01 账户，使用原密码登录，按"Ctrl+Alt+Del"组合键，选择"更改密码"选项并设置新密码。

2．环境监测系统组账户设置

环境监测系统组账户设置主要涉及组账户创建、组账户成员添加，需要系统管理员权限。

（1）组账户创建

假设需要创建一个名为"监测"的组账户，相关操作步骤如下。

进入"计算机管理"界面，选择"系统工具"→"本地用户和组"选项，右击"组"选项，在弹出的快捷菜单中选择"新建组"命令，在弹出的"新建组"对话框中输入组名，单击"创建"按钮，如图 1-2-3 所示。

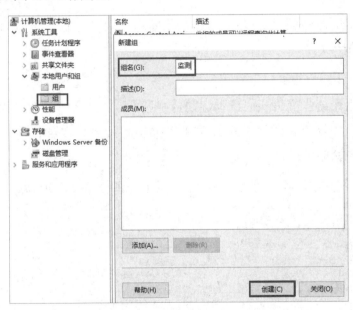

图 1-2-3　环境监测系统创建组账户

（2）组账户成员添加

假设需要将"监测 01"账户添加到"监测"组中，相关操作步骤如下。

进入"计算机管理"界面，选择"系统工具"→"本地用户和组"→"组"选项，右击"监测"组，在弹出的快捷菜单中选择"添加到组"命令（这里也可以进行组的删除和重命名操作），在"监测属性"对话框中单击"添加"按钮，在弹出的"选择用户"对话框中单击"高级"按钮，将对象类型设置为"用户"，单击"立即查找"按钮，在查找结果中选择"监测 01"账户，单击"确定"按钮，如图 1-2-4 所示。

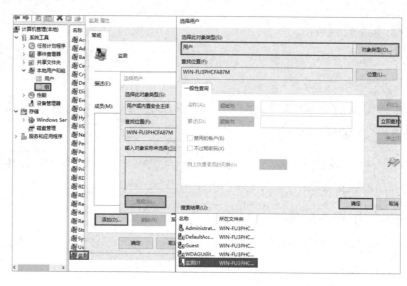

图 1-2-4　环境监测系统添加组账户成员

3. 环境监测系统文件及文件夹权限设置

自行在 Windows Server 2019 上创建名为"环境监测系统"的文件夹，用于文件及文件夹权限的设置演练。

假设需要对"环境监测系统"文件夹添加"监测"组的修改、读取和执行、列出文件夹内容权限，相关操作步骤如下。

（1）文件夹添加访问对象

右击"环境监测系统"文件夹，在弹出的快捷菜单中选择"属性"命令，在"环境监测系统属性"对话框中选择"安全"选项，单击"编辑"按钮，在弹出的"环境监测系统的权限"对话框中单击"添加"按钮，在弹出的"选择用户或组"对话框中，采用类似组账户成员添加的操作添加"监测"组，单击"确定"按钮，如图 1-2-5 所示。

图 1-2-5　环境监测系统文件夹添加访问对象

（2）文件夹访问对象权限设置

在"环境监测系统的权限"对话框中，勾选"修改""读取和执行""列出文件夹内容"3 个复选框，如图 1-2-6 所示。

4．环境监测系统本地安全策略设置

环境监测系统本地安全策略的设置包括密码策略、账户锁定策略、本地策略的设置。

（1）密码策略设置

环境监测系统密码策略设置的要求和相关操作步骤如下。

- 用户必须设置密码。
- 密码长度最小值为 8 个字符。

图 1-2-6　环境监测系统文件夹访问对象权限设置

- 密码最短使用期限为 3 天。
- 密码最长使用期限为 30 天。

单击"开始"按钮，选择"Windows 管理工具"→"本地安全策略"选项，进入"本地安全策略"界面，选择"账户策略"→"密码策略"选项，按照上述要求对各项进行设置，如图 1-2-7 所示。

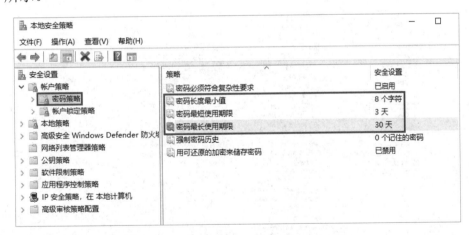

图 1-2-7　环境监测系统密码策略设置

（2）账户锁定策略设置

环境监测系统账户锁定策略设置的要求和相关操作步骤如下。

- 登录失败 5 次锁定账户。
- 被锁定账户 120 分钟后自动解锁。

进入"本地安全策略"界面，选择"账户策略"→"账户锁定策略"选项，先修改"账户锁定阈值"，再修改"账户锁定时间"，如图 1-2-8 所示。

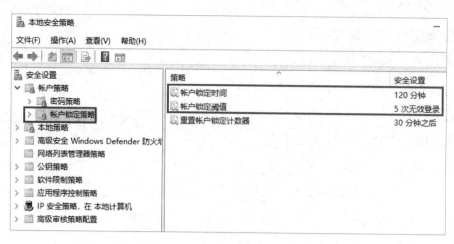

图 1-2-8　环境监测系统账户锁定策略设置

（3）用户权限分配设置

环境监测系统用户权限分配设置的要求和相关操作步骤如下。

• 为"监测"组添加备份目录和文件权限。

• 不允许"监测"组通过远程桌面服务登录服务器。

进入"本地安全策略"界面，选择"本地策略"→"用户权限分配"选项，双击"备份文件和目录"选项，修改其安全设置，将其添加至"监测"组中，对"拒绝通过远程桌面服务登录"选项执行同样的操作，将其也添加至"监测"组中，示例如图 1-2-9 所示。

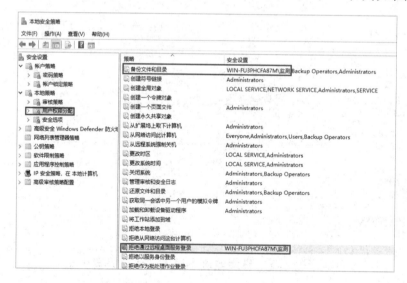

图 1-2-9　环境监测系统用户权限分配设置

（4）安全选项设置

环境监测系统安全选项设置的要求和相关操作步骤如下。

• 密码过期前 3 天，提醒用户更改密码。

• 添加登录提示，标题为"注意："，内容为"非环境监测系统运维人员不得登录！"。

进入"本地安全策略"界面，选择"本地策略"→"安全选项"选项，找到交互式登录对应的选项，按照要求进行修改，如图 1-2-10 所示。

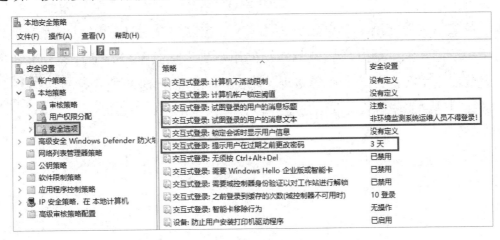

图 1-2-10　环境监测系统安全选项设置

5. 环境监测系统防火墙设置

管理网络用户对环境监测系统服务器的访问，要求和相关操作步骤如下。

- 不允许网络用户通过公用网络访问服务器的共享文件和打印机。
- 允许网络用户通过公用网络和专用网络查看服务器性能日志和警报。

单击"开始"按钮，选择"Windows 系统"→"控制面板"选项，进入"控制面板"界面，选择"系统和安全"→"Windows Defender 防火墙"→"允许的应用"选项。在"允许的应用"界面中，按照上述要求设置相关选项，单击"确定"按钮，如图 1-2-11 所示。

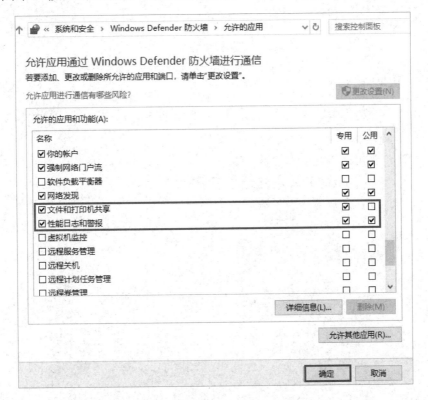

图 1-2-11　环境监测系统防火墙设置

任务小结

在本任务中，主要介绍了用户账户、组账户、文件及文件夹权限、本地安全策略以及防火墙的相关理论知识。通过环境监测系统的用户账户、组账户、文件夹权限、本地安全策略及防火墙任务实践，让学生在学习理论基础的同时掌握对应的实际应用。

本任务知识结构思维导图如图 1-2-12 所示。

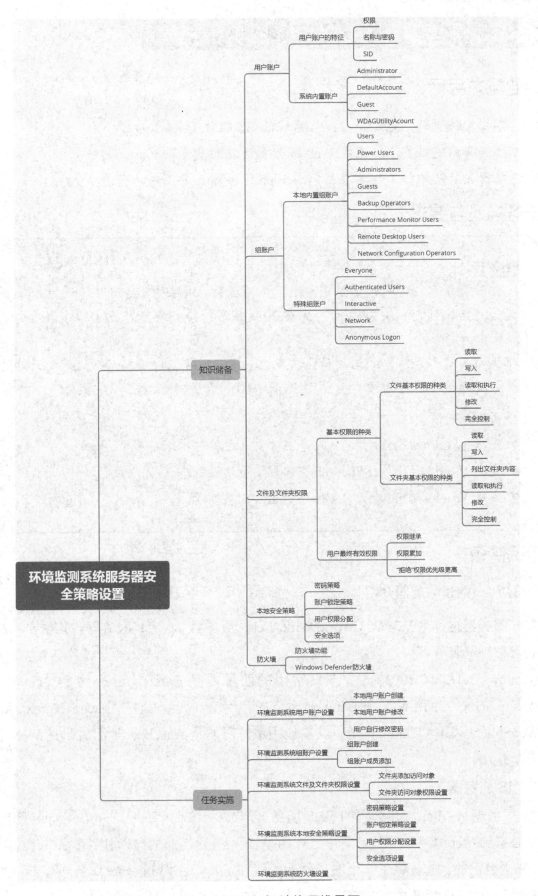

图 1-2-12　知识结构思维导图

任务3 环境监测系统 Web 服务器搭建

✿ 职业能力目标

- 能根据文档资料，完成相应操作系统的 IIS 软件安装。
- 能根据网站建设要求，完成 Web 服务器网站的基本设置。
- 能根据安装及维护工作要求，完成 Web 服务器日志文件的查看。

☼ 任务描述与要求

任务描述：

L 公司项目部在完成环境监测系统服务器操作系统安装、运行环境配置以及安全策略设置之后，计划在服务器上完成 Web 服务器的搭建和部署。该工作仍然由工程师 LA 负责。

根据与项目部和客户的沟通协调，LA 决定在服务器上安装 IIS，完成网站的基本设置，并通过日志查看方式确认 Web 服务器是否成功部署。

任务要求：

- 完成 Windows Server 2019 服务器上的 IIS 软件安装。
- 完成 Windows Server 2019 服务器 IIS 网站的基本设置。
- 完成 Windows Server 2019 服务器 IIS 日志查看。

⌨ 知识储备

1.3.1 Web 服务器介绍

Web 服务器也称为 WWW（World Wide Web）服务器、HTTP 服务器，其主要功能是提供网上信息浏览服务。

Windows NT/2000/2003 平台下最常用的服务器是 Microsoft 公司的 IIS（Internet Information Server）。而 UNIX 和 Linux 平台下的常用 Web 服务器有 Apache、Nginx、Tomcat、IBM WebSphere、BEA Weblogic 等，其中应用最广泛的是 Apache。下面对常见 Web 服务器进行简单介绍。

1. IIS 服务器

IIS 服务器是 Microsoft 公司的 Web 服务器产品。IIS 是允许在公共 Intranet 或 Internet 上发布信息的 Web 服务器，是目前最流行的 Web 服务器产品之一，很多著名的网站都是建立在 IIS 平台上的。它提供了一个图形界面的管理工具，称为 Internet 服务管理器，可用于监视配置和 Internet 服务控制。IIS 只能运行在 Microsoft Windows 平台上。

IIS 是一种 Web 服务组件，其中包括 Web 服务器、FTP 服务器、NNTP 服务器和 SMTP 服务器，分别用于网页浏览、文件传输、新闻服务和邮件发送。它使得在网络（包括互联网和局域网）上发布信息成了一件很容易的事。它提供 ISAPI（Intranet Server API）作为扩展 Web 服务器功能的编程接口，同时提供一个 Internet 数据库连接器，可以实现对数据库的查询和更新。

2．Apache 服务器

Apache 仍然是世界上用得最多的 Web 服务器，市场占有率达 60% 左右。它源于 NCSAhttpd 服务器，在 NCSA WWW 服务器项目停止之后，NCSA WWW 服务器的用户开始交换用于此服务器的补丁，这也是 Apache 名称的由来（pache，补丁）。世界上很多著名的网站使用的都是 Apache，它的优势主要在于源代码开放、可移植性、有一支强大的开发队伍、支持跨平台的应用（几乎可以运行在所有的 UNIX、Windows、Linux 系统平台上）等。Apache 的模块支持非常丰富，属于重量级产品，但在速度、性能上不及其他轻量级 Web 服务器，所消耗的内存也比其他 Web 服务器高。

3．Nginx 服务器

Nginx 是一个轻量级、高性能的 HTTP 和反向代理服务器，也是一个 IMAP/POP3/SMTP 代理服务器。Nginx 是由 Igor Sysoev 为俄罗斯访问量第二的 Rambler.ru 站点开发的，第一个公开版本 0.1.0 发布于 2004 年 10 月 4 日，其源代码以类 BSD 许可证的形式发布。Nginx 以稳定性、丰富的功能集、示例配置文件和较低的系统资源消耗而闻名。2011 年 6 月 1 日，Nginx 1.0.4 发布。目前，中国大陆使用 Nginx 的网站用户有新浪、网易、腾讯等。

4．Tomcat 服务器

Tomcat 是一个开放源代码、运行 Servlet 和 JSP Web 应用软件，并基于 Java 的 Web 应用软件容器。Tomcat 是根据 Servlet 和 JSP 规范执行的，因此也可以说它实行了 Apache-Jakarta 规范，且比绝大多数商业应用软件服务器要好。但是它对静态文件、高并发的处理比较弱。

1.3.2 IIS 日志介绍

1．IIS 日志概要

IIS 日志就是 IIS 运行的记录。IIS 日志查看是所有 Web 服务器管理者都必须掌握的技能。服务器的异常状况和访问 IP 来源等信息都会记录在 IIS 日志中，所以 IIS 日志对 Web 服务器的运行、维护、管理非常重要。IIS 日志的存放路径、命名格式及文件后缀名称如下。

（1）存放路径

IIS 日志在不同操作系统的服务器上的存放路径存在区别，它在 Windows Server 2019 服务器上的默认存放路径为 "%systemroot%\inetpub\logs\LogFiles\"。假设操作系统安装在 C 盘，那么默认的 IIS 日志存放路径为 "C:\inetpub\logs\LogFiles\"。

（2）命名格式

IIS 日志支持以下日志命名格式：Microsoft IIS 日志命名格式、国家超级计算应用程序（NCSA）的中心通用日志命名格式、万维网联合会（W3C）扩展日志命名格式以及 ODBC 日志文件格式（采用自定义格式，需要 Windows 版权支持，这里不做讨论）。

对于 Windows Server 2019 服务器，当 IIS 创建日志文件时，假设日志设置为按小时查询，命名格式如下。

① Microsoft IIS 日志命名格式

u_in+年份的后两位数字+月份+日期+时段。

② 国家超级计算应用程序（NCSA）的中心通用日志命名格式

u_nc+年份的后两位数字+月份+日期+时段。

③ 万维网联合会（W3C）扩展日志命名格式

u_ex+年份的后两位数字+月份+日期+时段。

IIS 日志查看还支持按月、周、天方式进行，此时生成的日志文件名称会相应简化。例如，按月份查询 W3C 扩展日志，生成的日志文件格式为"u_ex+年份的后两位数字+月份"。

（3）后缀名称

IIS 日志统一的后缀名称为"log"。例如，2021 年 9 月 30 日生成的 W3C 日志文件是"u_ex210930.log"。

2. IIS 字段描述

（1）日志开头注释的含义

IIS 日志会记录所有访问 Web 服务器的记录。打开日志，其开头几行的作用描述如下。

```
#Software: Microsoft Internet Information Services 10.0//IIS版本
#Version: 1.0//版本
#Date: 2021-12-16 08:58:50//创建时间
#Fields: date time s-ip cs-method cs-uri-stem cs-uri-query s-port cs-username c-ip
cs(User-Agent) cs(Referer) sc-status sc-substatus sc-win32-status time-taken//日志格式
```

（2）日志格式中各字段的含义

对于日志格式，上述代码有部分字段未显示，所有字段的含义如下。

- date：表示访问日期。
- time：表示访问时间。
- s-sitename：表示 Web 服务器的代称。
- s-ip：表示 Web 服务器的 IP。
- cs-method：表示访问方法，常见的有两种，一是 GET，相当于平常访问一个 URL 的动作；二是 POST，相当于提交表单的动作。
- cs-uri-stem：表示访问哪一个文件。

- cs-uri-query：表示访问地址的附带参数，如 asp 文件后面的字符串 id=12 等，如果没有参数则用 "-" 表示。
- s-port：表示服务器端口。
- cs-username：表示访问者名称。
- c-ip：表示访问者 IP。
- cs（User-Agent）：用户代理，即用户所用的浏览器。
- sc-status：表示协议状态，200 表示成功，403 表示没有权限，404 表示找不到该页面，500 表示程序有错。
- sc-substatus：表示协议子状态。
- sc-bytes：表示发送的字节数。
- cs-bytes：表示接收的字节数。
- time-taken：表示所用时间。

3. IIS 日志返回状态代码

IIS 日志返回状态代码对应日志中的 sc-status 字段，常见返回状态代码的含义如表 1-3-1 所示。

表 1-3-1　常见 IIS 日志返回状态代码

代　码	代　表　含　义
2××	成功
200	正常；请求已完成
201	正常；紧接 POST 命令
202	正常；已接受用于处理，但处理尚未完成
203	正常；部分信息，返回的信息只是一部分
204	正常；无响应（已接收请求，但不存在要回送的信息）
3××	重定向
301	已移动（请求的数据具有新的位置且更改是永久的）
302	已找到（请求的数据临时具有不同的 URI）
303	请参阅其他（可在另一 URI 下找到对请求的响应，且应使用 GET 方法检索此响应）
304	未修改（未按预期修改文档）
305	使用代理（必须通过位置字段中提供的代理来访问请求的资源）
306	未使用（不再使用）；保留此代码以便将来使用
4××	客户机中出现的错误
400	错误请求（请求中有语法问题，或不能满足请求）
401	未授权（未授权客户机访问数据）
402	需要付款（表示计费系统已生效）
403	禁止（即使有授权也不需要访问）
404	找不到（服务器找不到给定的资源）；文档不存在

代　　码	代 表 含 义
407	代理认证请求（客户机首先必须使用代理认证本身）
410	请求的网页不存在（永久）
415	介质类型不受支持（因为不支持请求实体的格式，服务器拒绝服务请求）
5××	服务器中出现的错误
500	内部错误（因为意外情况，服务器不能完成请求）
501	未执行（服务器不支持请求的工具）
502	错误网关（服务器接收到来自上游服务器的无效响应）
503	无法获得服务（因为临时过载或维护，服务器无法处理请求）

📖 任务实施

1. 环境监测系统 IIS 服务器搭建

（1）IIS 安装

图 1-3-1　在服务器管理器上添加 IIS 功能

在环境监测系统的 Windows Server 2019 虚拟机上进行 IIS 的安装，操作步骤如下。

① 在服务器管理器上添加 IIS 功能

右击"此电脑"，在弹出的快捷菜单中选择"管理"命令，打开"服务器管理器"界面，选择"仪表板"选项，单击"管理"按钮，选择"添加角色和功能"命令，如图 1-3-1 所示。

② IIS 安装和设置

进入"添加角色和功能向导"界面，选择"服务器角色"选项，在"角色"列表中双击"Web 服务器(IIS)"选项，在弹出的对话框中勾选"包括管理工具(如果适用)"复选框，单击"添加功能"按钮，如图 1-3-2 所示。该过程除"服务器角色"选项外，均采用默认设置即可完成 IIS 的安装和设置。

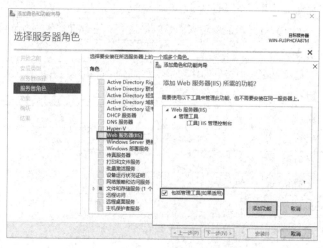

图 1-3-2　服务器角色设置

（2）IIS 网站基本设置

① IIS 网站默认主页访问

在 IIS 安装完成之后，在"服务器管理器"界面中会出现相关界面。右击新安装的 IIS 服务器，在弹出的快捷菜单中选择对应的 IIS 管理器，如图 1-3-3 所示。

图 1-3-3　进入 IIS 管理器

在随后弹出的"Internet information Services(IIS)管理器"界面（以下简称"IIS 管理器"界面）中，可以查看 IIS 网站的默认主页。选择"Default Web Site"选项，单击"浏览*:80(http)"按钮，弹出 IIS 默认主页，如图 1-3-4 和图 1-3-5 所示。

图 1-3-4　通过 IIS 管理器打开默认主页

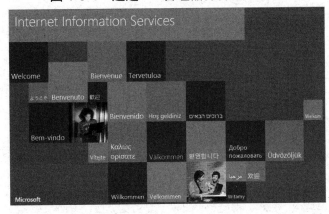

图 1-3-5　IIS 默认主页

② IIS 网站默认主页修改

对于环境监测系统搭建的 IIS 服务器，显然只访问 IIS 默认主页并不合适。这里可以对访问的主页进行简易修改。

在 Default Web Site 的主目录（路径为"%systemroot%\inetpub\wwwroot"）下使用记事本新建一个"default.htm"空白网页文件，如图 1-3-6 所示。

图 1-3-6　新建"default.htm"文件

假设想要环境监测系统的网站主页上出现"欢迎访问环境监测系统"字样，则可以使用记事本对该网页文件进行编辑和保存，如图 1-3-7 所示。

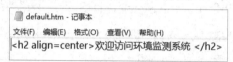

图 1-3-7　IIS 默认主页内容修改

在修改之后确认"default.htm"文件位于"iisstart.htm"文件的前面，再次单击"浏览*:80(http)"按钮，此时的 IIS 网站默认主页如图 1-3-8 所示。

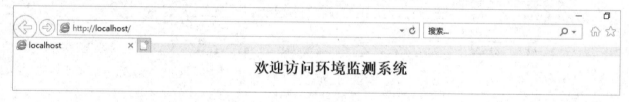

图 1-3-8　IIS 默认主页修改结果展示

2. 环境监测系统 IIS 服务器日志设置和查看

（1）日志文件设置

环境监测系统的日志输出要求如下。

- 日志文件格式为 W3C。
- 日志文件存放路径采用默认路径。
- 仅将日志文件写入，不包括 ETW 事件。
- 每小时自动创建一个新的日志文件。
- 日志文件的字段除默认字段外，还需添加发送字节数和接收字节数两个字段。

进入"IIS 管理器"界面，双击"日志"图标，弹出"日志"对话框，按照上述前 4 项要求设置日志文件的格式、目录、事件目标、滚动更新，如图 1-3-9 所示。

图 1-3-9　环境监测系统日志文件设置

　　最后一项要求的相关操作步骤如下。在"日志"对话框中单击"选择字段"按钮，弹出"W3C 日志记录字段"对话框，勾选"发送的字节数（sc-bytes）""接收的字节数（cs-bytes）"复选框，单击"确定"按钮，单击"应用"按钮，如图 1-3-10 所示，会提示已经保存更改。

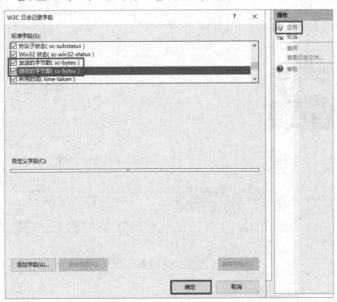

图 1-3-10　为日志文件添加字段

（2）日志文件查看

　　此时日志文件的存放路径依然为默认路径"%systemroot%\inetpub\logs\LogFiles\"。由于操作系统安装在 C 盘，所以 IIS 日志存放路径为"C:\inetpub\logs\LogFiles\"。在访问网站之后，打开路径下生成的日志文件，可以看到新增了 sc-bytes、cs-bytes 两个字段以及新生成的访问记录，如图 1-3-11 所示。

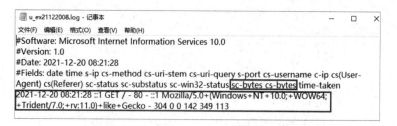

图 1-3-11　环境监测系统日志查看

任务小结

在本任务中，主要介绍了 Web 服务器及 IIS 日志相关理论知识。通过环境监测系统的 IIS 服务器搭建、IIS 日志设置及查看的实践，使学生对 Web 服务器能够有一定的了解，并且熟悉 IIS 相关理论知识，掌握 IIS 搭建、基本设置、日志查看等操作技能。

本任务知识结构思维导图如图 1-3-12 所示。

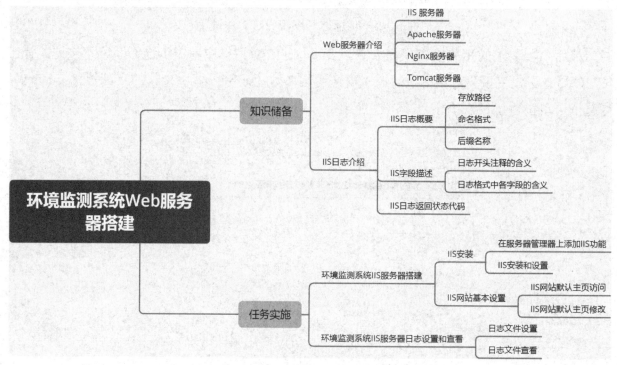

图 1-3-12　知识结构思维导图

项目 2

智能制造——生产线 AIoT 平台仿真

引导案例

为了促进我国制造业的发展，国内很多制造企业不断突破传统技术的限制、推进品牌建设、逐步实现技术创新与智能化。智能制造——生产线系统（见图 2-1-1）利用智能制造技术实现产品生产智能化，实现了生产线与云平台的智能互联。然而，在生产线生产过程中，做好噪声、烟雾、废水等环境污染源的把控仍是生态环境保护路上的重要挑战。

针对生产线生产过程中的污染问题和车间人员管理问题，对基于 AIoT 平台仿真实现的生产线监测系统进行了监测管理的相关设计。本项目搭建在 AIoT 平台上，平台选用了开源的 ThingsBoard，实现了虚拟仿真接线和虚拟终端之间、虚拟终端和 ThingsBoard 平台之间的数据通信。能够在 AIoT 平台上进行网络拓扑设计、仿真图接线、网关和设备的部署等操作，是对云平台运行维护人员技能的更高要求。

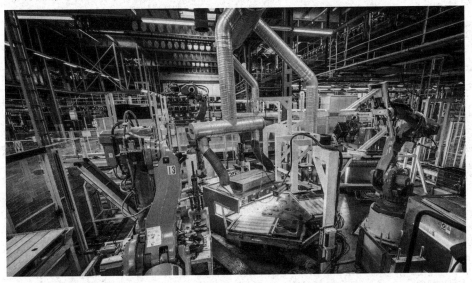

图 2-1-1　智能制造——生产线系统

任务 1　生产线 AIoT 平台仿真图绘制

✦ 职业能力目标

- 查阅相关资料并进行实操演练，熟练掌握 AIoT 平台的使用。
- 能根据客户需求，正确完成虚拟仿真接线图的绘制。

⏰ 任务描述与要求

任务描述：

N 公司是一家金属制品公司，由于金属制品的加工生产会产生废气、噪声等污染，因此需要在生产过程中采取污染监测控制措施，并且严格把控车间工作人员的进出。因此，N 公司向主营物联网产品和技术服务的 L 公司提出建设智能制造——生产线监测系统，以确保能够实时监控污染物排放情况。L 公司项目经理在通过需求调研、现场勘查等工作之后，为确保项目的可行性，决定在施工之前先使用 AIoT 平台搭建虚拟仿真系统，模拟生产线的污染排放情况监测及车间人员的监管。

任务要求：

- 根据 N 公司的需求，完成生产线监测系统网络拓扑图的绘制。
- 根据网络拓扑图的规划设计，完成生产线监测系统的设备选型。
- 根据网络拓扑图及设备选型，完成生产线监测系统在 AIoT 平台上仿真接线图的绘制。

🖥 知识储备

2.1.1　AIoT 平台

1. AIoT 平台介绍

AIoT 平台结合了 IoT 仿真设备及开源 ThingsBoard 平台，可实现 IoT 项目的仿真设备接线与配置、软件系统部署、实时数据监测、自动化控制等过程。

当前物联网技术已经进入以 IoT 平台为核心的新时代。AIoT 平台选用了近年来十分活跃的开源 IoT 平台——ThingsBoard，接入层网关使用了开源的 ThingsBoard Gateway，如图 2-1-2 所示。在 AIoT 平台上，学生可以实现完整的 IoT 项目实训，进行设备接线与配置、网关部署与配置、仪表板设计等相关知识与操作的学习，锻炼并提升 IoT 项目的实施与运维能力。

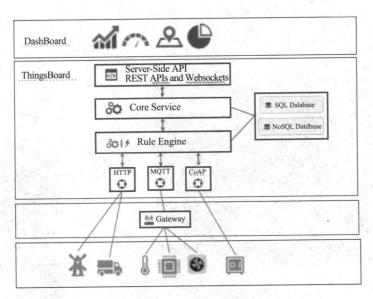

图 2-1-2　AIoT 在线工程实训平台

AIoT 平台系统由 3 部分组成，分别是教务管理子系统、教务子系统和 IoT 平台资源，如图 2-1-3 所示。

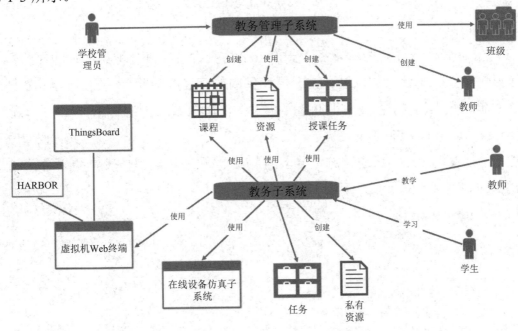

图 2-1-3　AIoT 平台系统组成

其中，教务管理子系统由学校管理员以管理员账号登录，并执行课程、班级、教师账号、学生账号等的管理任务，以及下达授课任务、审批资源。教务子系统由学校教师以教师账号登录，执行下达教务的任务，并将学生学习任务下发至班级学生。IoT 平台资源为学生学习 IoT 项目实施与运维提供了合适的平台和充足的资源。

2．AIoT 平台组成

AIoT 平台主要由虚拟仿真、虚拟机终端和公共的 ThingsBoard 平台组成，如图 2-1-4 所示。

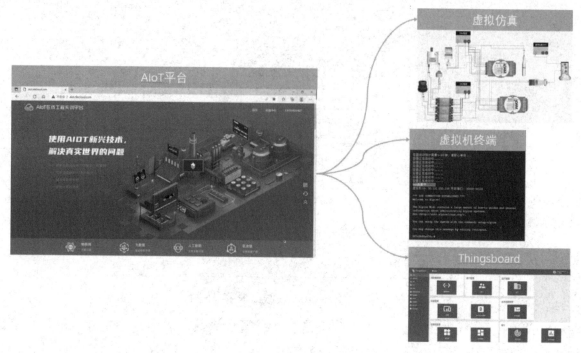

图 2-1-4　AIoT 平台组成

（1）虚拟仿真

AIoT 平台为每个学生账号都配备了一套 IoT 仿真设备，包含种类丰富的传感器、采集器，在虚拟仿真实验平台上可以进行传感层设备的仿真连线与配置。同时，AIoT 平台还提供了物联网项目数据服务，在技术上涵盖了大量主流的有线和无线传感技术，如 LoRa、NB-IoT、Zigbee、Modbus、Can Bus 等。

学生在登录账号之后，可通过浏览器上的 Web 终端使用虚拟仿真实验平台，AIoT 平台虚拟仿真界面如图 2-1-5 所示。

图 2-1-5　AIoT 平台虚拟仿真界面

（2）虚拟机终端

AIoT 平台为每个学生账号都配备了一台虚拟机，且部署了一个公共 Harbor 作为私有 Docker 库，学生可以在自己的虚拟机上针对 IoT 项目所需软件进行安装与部署。

虚拟机的操作系统是已安装了 Docker 和 Docker-compose 的 Alpine Linux。AIoT 平台会为每个账号提供绑定的 Linux 虚拟机，使每个运行环境及资源都能相互独立、互不影响。学生可以通过命令输入方式实现软件的部署、资源的占用和运行监控等；通过浏览器远程登录 Linux 虚拟机终端，实现对 Modbus、ZigBee、LoRaWAN、CANbus 等协议设备的南向对接，并将采集到的数据传输至北向的物联网云平台中。

另外，AIoT 平台引入了 ChirpStack、Node-RED、ThingsBoard、Home Assistant 等丰富的开源物联网软件资源，融合工程仿真和行业设备，实现物联网的感知层设备、网关及网络传输层、平台及应用层的数据链路完整性，保证底层数据采集到前端应用中的效果。

学生在成功登录系统之后，可通过浏览器上的 Web 终端使用 AIoT 平台为其分配的虚拟机，AIoT 平台虚拟机终端界面如图 2-1-6 所示。

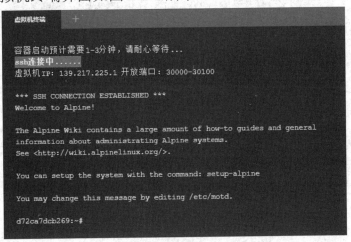

图 2-1-6　AIoT 平台"虚拟机终端"界面

（3）ThingsBoard

在 AIoT 平台上部署了一个公共的 ThingsBoard 平台，并为每个学生账号都配备了一个相应的 ThingsBoard 账号。

ThingsBoard 是一个开源 IoT 平台，有社区版和专业版。其中，在 AIoT 平台上部署的是免费的社区版 ThingsBoard 平台，能够满足学习与实训中 IoT 项目的基本需求。

在 ThingsBoard 平台上可实现各种设备的管理，可通过网关访问令牌绑定设备来实现遥测数据的监测，通过设计仪表板实现项目可视化，以及通过规则链实现自动化策略控制。ThingsBoard 平台的特点如下。

- 实现物联网项目的快速开发、管理和扩展。
- 基于设备和资产收集数据并对其进行可视化管理。
- 采集遥测数据并进行相关的事件处理和警报响应。

● 基于远程 RPC 调用进行设备控制。

学生在登录系统之后，可通过浏览器上的 Web 终端使用 ThingsBoard 平台，如图 2-1-7 所示。

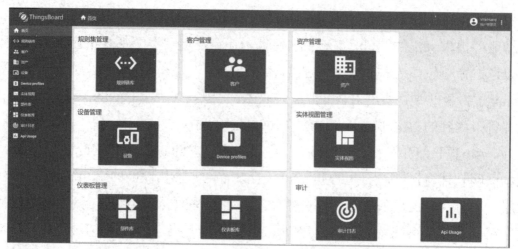

图 2-1-7　AIoT 平台上的 ThingsBoard 界面

2.1.2　虚拟仿真界面

1．进入虚拟仿真界面

图 2-1-8　从 AIoT 平台进入虚拟仿真界面

学生在登录 AIoT 平台之后，可通过"课程与任务"目录的子目录"我的任务"，进入正在执行或未执行的任务。在开始任务之后，可选择从不同的实验环境中进入相应的实验平台。因此，在"实验环境"选区中选择"虚拟仿真"选项即可进入虚拟仿真界面，如图 2-1-8 所示。

2．虚拟仿真界面区域划分

虚拟仿真界面根据不同的功能分为 3 个区域，可实现在 AIoT 平台虚拟仿真设备中进行传感层设备的仿真连线与配置。虚拟仿真界面中 3 个区域的划分如图 2-1-9 所示。

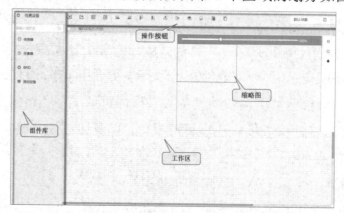

图 2-1-9　AIoT 平台虚拟仿真界面中 3 个区域的划分

（1）组件库

在虚拟仿真界面中，左侧为组件库区域，可进行仿真设备的选择，包括传感器、采集器、RFID 和其他设备。在进行设备选型时，可通过其所属分类进入相应的下拉菜单中寻找所需设备，也可通过在搜索框中输入组件名寻找相应设备。组件库区域如图 2-1-10 所示。

（2）工作区

在虚拟仿真界面中，右侧为工作区，用户可将组件库中的设备拖放至工作区中，从而进行连线与配置，最终通过工作区左上角的"模拟实验"按钮开启模拟实验。另外，还可通过工作区右上角的"^"按钮打开缩略图实现工作区的缩放。工作区如图 2-1-11 所示。

图 2-1-10　组件库区域

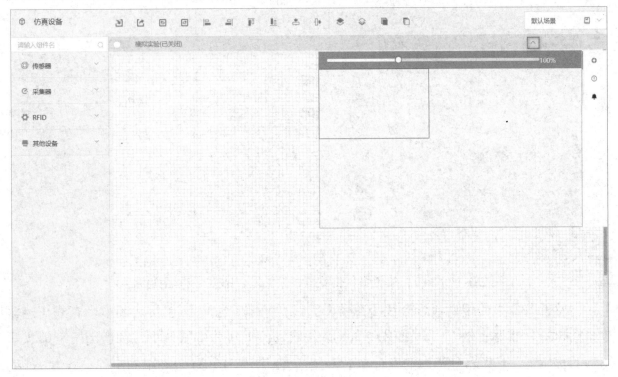

图 2-1-11　工作区

（3）操作按钮

在虚拟仿真界面中，上侧为操作按钮区域，包含针对工作区和工作区中的设备进行各种操作的按钮，从左往右依次可实现导入、导出、撤销、重做、左对齐、右对齐、上对齐、下对齐、水平居中、垂直居中、置顶、置底、向上一层、向下一层、场景选择、保存。操作按钮区域如图 2-1-12 所示。

图 2-1-12　操作按钮区域

3．模拟实验开启与关闭

在工作区左上角有一个"模拟实验"按钮，单击此按钮可以切换模拟实验的开启与关闭状态，图 2-1-13 所示为模拟实验开启状态。在模拟实验开启状态下，不允许进行设备接线的修改和设备地址的设置，但允许进行传感器数据的设置。

图 2-1-13　模拟实验开启

2.1.3　虚拟仿真设备

1．设备分类

在虚拟仿真实验平台上可以进行传感层设备的仿真连线与配置。虚拟仿真平台将这些设备分为了 4 类：传感器、采集器、RFID 及其他设备，如图 2-1-14 所示。

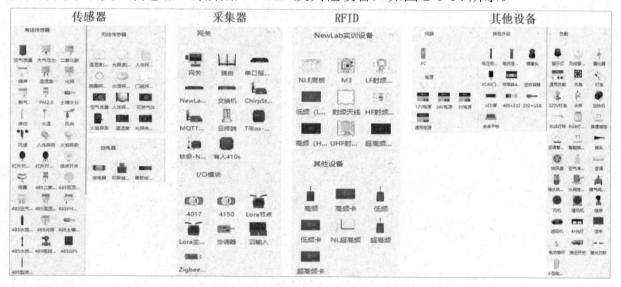

图 2-1-14　IoT 仿真设备（传感器、采集器、RFID 及其他设备）

传感器分类中的组件包含有线传感器、无线传感器、继电器 3 类。其中，有线传感器包含模拟量传感器、数字量传感器和开关量传感器；无线传感器包含各种适用于智能家居场景的传感器。采集器分类中的组件包含网关、I/O 模块。RFID 分类中的组件包含 NewLab 实训设备及其他设备。NewLab 实训设备用于 NewLab 实验平台，其他设备属于通用设备。虚拟仿真平台还提供了终端、电源、负载及其他外设等多种设备。

2．设备连线

在将组件库所需的设备拖放至工作区合适的位置之后，开始进行设备间的连线。连线方法如下。

将鼠标移动至相应设备端口上，直到该设备端口附近出现该端口的名称，单击鼠标，引出一条虚线。将引出的虚线通过鼠标移动至要连接的设备端口上，直到设备端口附近出现该端口的名称，再次单击鼠标，完成两个设备端口的连线。如果连线正确，则虚线会变成实线，如图 2-1-15 所示。如果连线仍为虚线，则应检查连线的端口是否正确，或是否存在未完成的环路。

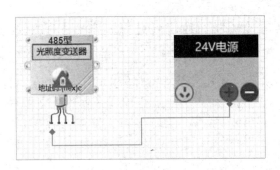

图 2-1-15　设备连线成功示例

3. 设备参数设置

虚拟仿真平台支持设备进行参数的设置，包括 485 型设备地址设置、传感器数据设置。具体设置方法如下。

（1）设备地址设置

虚拟仿真平台支持 485 型设备的地址设置功能，用户只需双击设备上的"地址码"，即可进入地址设置界面。图 2-1-16 所示为 485 型光照度传感器设备地址的设置界面。

注意：仅在模拟实验关闭的情况下才可进行地址设置，且设置的设备地址为一个字节长度的十六进制数。

图 2-1-16　485 型光照度传感器设备地址设置

（2）传感器数据设置

虚拟仿真平台支持各类传感器的数据设置功能，用户只需双击设备，即可进入数据设置界面。图 2-1-17、图 2-1-18 所示分别为光照度传感器、红外对射数据的设置界面。传感器数据设置既可在模拟实验关闭的状态下进行，又可在模拟实验开启的状态下进行。

图 2-1-17　485 型光照度传感器数值设置　　　　图 2-1-18　红外对射数据设置

模拟量传感器和数字量传感器的数值可设置为定值、随机值和循环值 3 种类型，范围在最大量程和最小量程之间。数值范围的设置方式有 3 种：直接输入、单击"∧"或"∨"按钮进行调整、左右拖动滚动条。随机值可设置随机间隔，单位为秒（s）；循环值可设置循环间隔和循环变量，单位为秒（s）。

4．设备状态查看

（1）传感器状态查看

在虚拟仿真平台上可直观地查看传感器的状态，即在开启模拟实验之后，在传感器上可根据其显示数据查看传感器的状态，如传感数值、设备地址等。

（2）执行器状态查看

在虚拟仿真平台上可直观地查看执行器的状态，即可根据执行器设备是否正确执行来查看执行器当前状态为开启或关闭。

2.1.4　虚拟机终端

1．进入虚拟机终端界面

学生在登录 AIoT 平台之后，可通过"课程与任务"目录的子目录"我的任务"，进入正在执行或未执行的任务，在开始任务之后，在"实验环境"选区中选择"虚拟机终端"选项即可进入虚拟机终端界面，如图 2-1-19 所示。

图 2-1-19　从 AIoT 平台进入虚拟机终端界面

2．虚拟机终端界面

（1）容器启动

虚拟机的操作系统已安装 Docker 和 Docker-compose，在进入虚拟机终端界面之后，容器会自动启动，并通过 ssh 远程连接服务器端的虚拟机。当界面中出现"Welcome to Alpine！"时可视为容器启动成功。容器启动成功过程的界面如图 2-1-20 所示。另外，由于虚拟机终端界面是在浏览器界面中打开的，因此可通过浏览器界面的缩放功能来调整虚拟机终端界面的大小。

（2）命令输入

在虚拟机终端界面中，有两种命令输入的方式，直接键盘输入或者粘贴已复制的文本。其中，粘贴已复制的文本需通过快捷菜单中的"粘贴""粘贴为纯文本"命令实现，如图

2-1-21 所示。

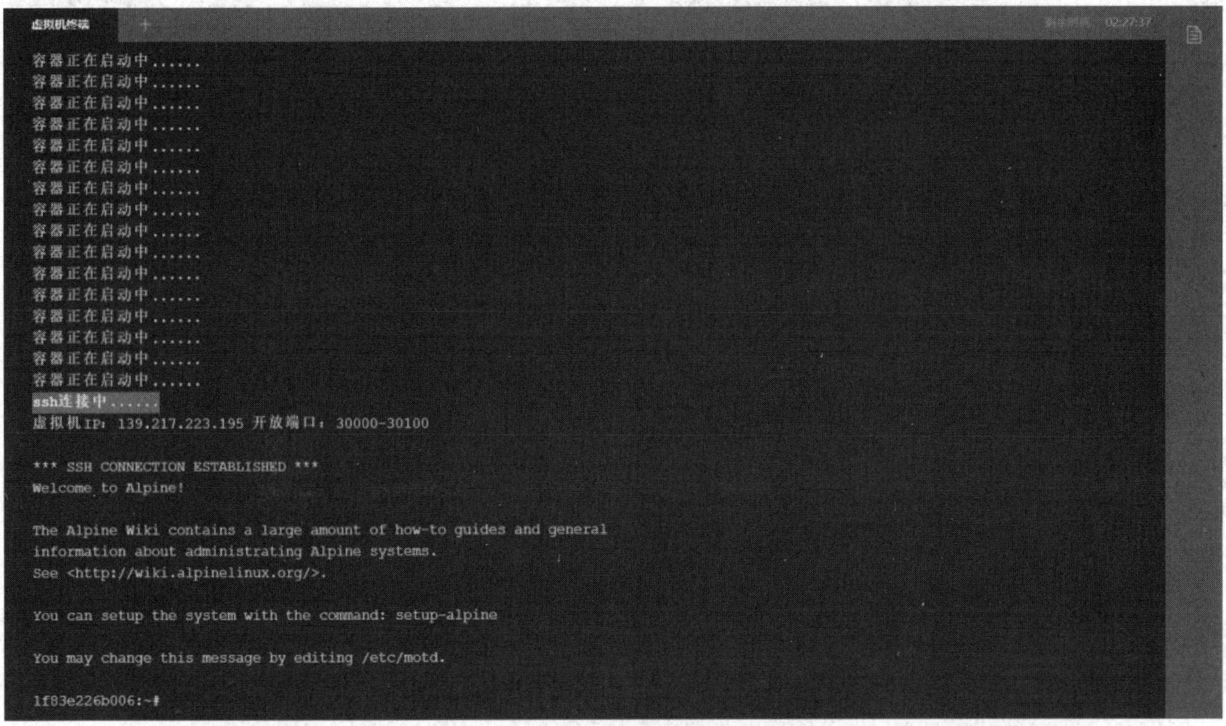

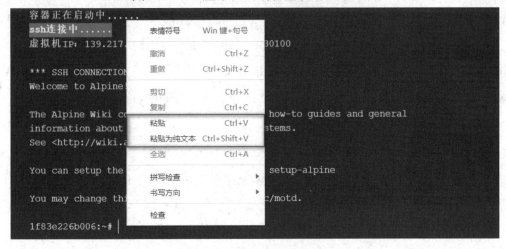

图 2-1-20　虚拟机终端容器启动成功过程

图 2-1-21　虚拟机终端界面中的命令输入

3. 主配置

虚拟机终端通过配置 ThingsBoard IoT Gateway 的配置文件"tb_gateway.yaml"来实现与 ThingsBoard 平台的对接。在主配置文件"tb_gateway.yaml"中，包含 ThingsBoard 平台的主机地址、端口、网关设备访问令牌、连接器等信息，学生可通过修改主配置文件进行云平台的连接、网关设备的选择、连接器的选择。在配置完成后，进行保存并退出。

主配置文件"tb_gateway.yaml"的初始内容如图 2-1-22 所示。

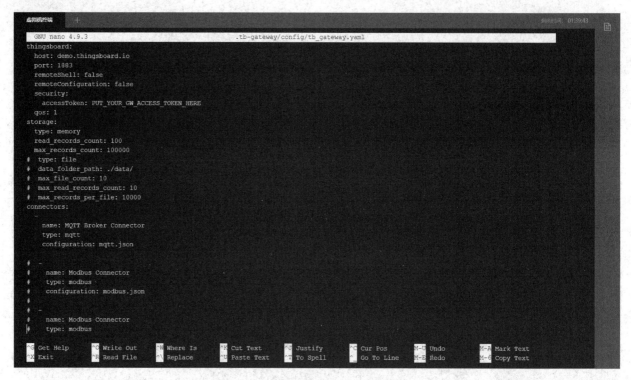

图 2-1-22　主配置文件的初始内容

（1）主机地址（host）

host 为虚拟机将连接到的 IP 地址。在图 2-1-22 所示的"tb_gateway.yaml"文件的初始内容中，"host"默认为"demo.thingsboard.io"，即 ThingsBoard 平台的 URL。在配置过程中，学生应将其修改为实际连接的 IP 地址，如果需要将虚拟机连接至 AIoT 平台的 ThingsBoard 上，则应将"host"修改为其 IP 地址，即"tb.nlecloud.com"。

（2）端口（port）

port 为虚拟机所连接 IP 地址的端口号。在图 2-1-22 所示的"tb_gateway.yaml"文件的初始内容中，"port"默认为"1883"。在配置过程中，学生应将其修改为实际连接的端口号。如果需要将虚拟机连接至 AIoT 平台的 ThingsBoard 上，则"host"应与初始内容一致，即"1883"。

（3）网关设备访问令牌（accessToken）

accessToken 为所连接的网关设备访问令牌。通过该访问令牌，可以在 ThingsBoard 平台上正常访问所需的网关设备，并对与其关联的连接器进行相应配置。在配置过程中，学生应将其修改为 ThingsBoard 平台上仿真网关设备对应的访问令牌。访问令牌可以直接在网关界面中复制，复制方式如图 2-1-23 所示。

图 2-1-23　网关设备访问令牌复制

（4）连接器（connectors）

通过 connectors 可配置多种连接器，主要包括 Modbus 连接器和 MQTT 连接器等。在图 2-1-22 所示的"tb_gateway.yaml"文件的初始内容中，"#"起到注释的作用。在配置过程中，对于需要加载的连接器，应去掉相应行开头的"#"，表示需要加载该连接器；对于不需要加载的连接器，应确认相应行开头带有"#"或直接删除该连接器的相关内容。

4．Modbus 连接器配置

在 AIoT 平台上，当前使用较多的连接器为 Modbus 连接器和 MQTT 连接器。每个连接器都有相应的配置文件，都为 JSON 格式。通过修改配置文件，可以在网关设备中添加连接器，并在连接器中添加相应的传感器和执行器设备。不同类型的连接器，其配置文件的内容不尽相同。本书使用 Modbus 连接器对配置文件进行讲解。

在 AIoT 平台上，通常使用 Modbus RTU 版本的连接器，相应的配置文件为"modbus_serial.json"，存放路径为".tb-gateway/config/modbus_serial.json"，初始内容如图 2-1-24 所示。

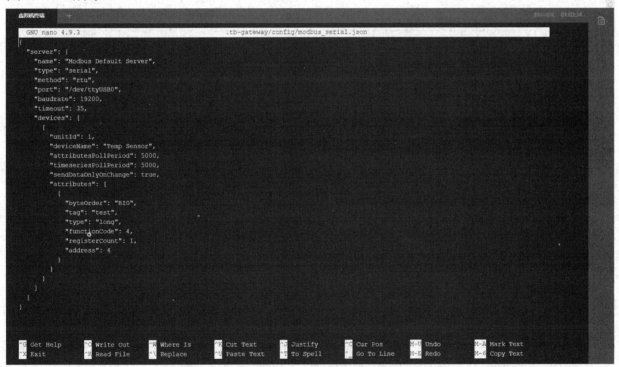

图 2-1-24　连接器配置文件的初始内容

图 2-1-24 所示 JSON 文件的最外层为 server 部分，表示 Modbus RTU 版本连接器的基本设置，部分参数说明如表 2-1-1 所示。

表 2-1-1　Modbus RTU 版本连接器配置文件的 server 部分参数

参　　数	默　认　值	说　　　明
name	Modbus Default Server	连接器名称
type	serial	可取值：tcp、udp、serial

续表

参　数	默　认　值	说　明
method	rtu	可取值：socket 或 rtu
port	/dev/ttyUSB0	设备连接的串口设备名称
baudrate	19200	根据设备的波特率设置
timeout	35	链接设备超时时间

第二层的 devices 部分为设备描述，是一个 JSON 数组，可包含多个对象。每个设备都对应一个对象，且都具有多个属性值，其属性以数组的方式出现，部分参数说明如表2-1-2 所示。

表 2-1-2　Modbus 连接器配置文件的 devices 部分参数

参　数	默　认　值	说　明
unitId	1	设备的 id
deviceName	Temp Sensor	设备名称，会出现在 ThingsBoard 平台的设备列表中
attributesPollPeriod	5000	轮询设备属性的间隔（ms）
timeseriesPollPeriod	5000	轮询设备遥测数据的间隔（ms）
sendDataOnlyChanged	true	只在数据变化时才发送数据

需要注意的是，在 AIoT 平台上，unitId 的值应与虚拟仿真中连接器设备的地址保持一致。

devices 部分中的 attributes、timeseries、attributeUpdate、rpc 参数，可分别定义客户端的属性、遥测、共享属性、rpc。除此之外，devices 部分还有其他参数，如表 2-1-3 所示。

表 2-1-3　Modbus 连接器配置文件 devices 部分的其他参数

参　数	默　认　值	说　明
tag	test	attributes、timeseries、attributeUpdate 出现在 server 端，rpc 出现在设备端
type	32uint	说明如表 2-1-5 所示
functionCode	4	不同功能码表示不同的读/写功能，除默认值外的其他说明如表 2-1-4 所示
registerCount	1	对象个数
address	1	设备的寄存器编号

其中，functionCode 有读数据和写数据两个功能，常见功能如表 2-1-4 所示。

表 2-1-4　Modbus 连接器配置文件 functionCode 的功能

functionCode	功　能
1	读线圈
3	读保持寄存器
5	写单个线圈

type 表示数据类型，根据不同的数据类型可使用不同的功能码（functionCode），且对应的对象个数（objectsCount）也不尽相同。常见数据类型与功能码的对应关系如表 2-1-5 所示。

表 2-1-5　type 数据类型说明

类 型 名 称	功 能 码	对 象 数	说　　明
bits	1、5	1	读线圈
16uint	3	1	16 位无符号整数
32uint	3	2	32 位无符号整数

2.1.5　容器

1．Docker 介绍

Docker 是一种开源容器项目，Linux 操作系统可以为其提供支持。Docker 的设计构想是通过对应用的封装（Packaging）、分发（Distribution）、部署（Deployment）、运行（Runtime）生命周期进行管理，达到应用组件"开发更快，到处运行"的目的。应用组件既可以是一个 Web 应用或编译环境，又可以是一套数据库平台服务，甚至是一个操作系统或集群。

Docker 可以将用户想要的环境先构建（打包）成一个镜像，再推送（发布）到网上。当用户需要使用这个环境的时候，在网上拉取一份镜像即可。Ubuntu 14.04 之前的操作系统都已经在软件源中默认带有 Docker 软件包。同一类型、不同版本的镜像存放在同一个仓库中，比如 Nginx 镜像仓库，里面存放了不同版本的 Nginx，包括 1.14.2 版本、1.15.2 版本等。注册服务器有些是公开的，有些是不公开的。

（1）容器（Container）

容器是独立运行的一个或一组应用，是用镜像创建的运行实例。它可以被启动、开始、停止、删除。每个容器都是相互隔离的，可以满足平台的安全性。

容器是一种技术，而 Docker 是实现容器的引擎，是基于开放容器技术接口（OCI）实现的容器技术。容器可分为 Docker 和 Podman。

（2）镜像（Image）

镜像是一个只读的模板，可以用来创建容器，且一个镜像可以创建多个容器。

由于必须通过镜像才能启动容器，因此镜像相当于操作系统的 ISO 文件，而容器相当于基于 ISO 文件安装的操作系统。镜像是静态的，而容器是运行时的实例。基于一个镜像可以启动各种各样的容器，但镜像不能运行。

（3）仓库（Repository）

集中存放镜像文件的场所即仓库，分为公开仓库（Public）和私有仓库（Private）两种形式。当前最大的公开仓库是 Docker Hub。

用户可通过公开仓库免费搜索、拉取、上传文件。

用户若要做私有镜像，则需要付费。用户可自己搭建私有仓库，并将其放在自己的局域网中；也可在自己的服务器上搭建私有仓库，并添加加密验证等功能。

图 2-1-25 所示为容器的创建过程，体现了镜像、容器与仓库的关系。从仓库中拉取一个镜像，基于该镜像创建一个容器；若对该容器进行修改，则可生成一个新的镜像并上传到仓库中。

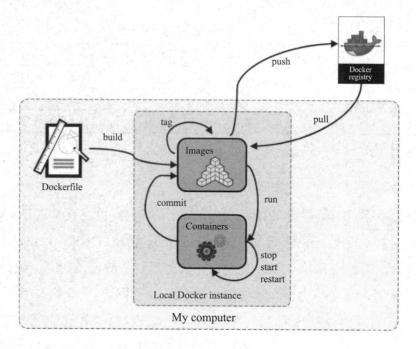

图 2-1-25　容器的创建过程

2．Docker 特点

Docker 支持用户将自己的应用和依赖包打包到一个轻量级、可移植的容器中，并将其发布到任何流行的 Linux 服务器中，从而实现虚拟化。容器完全使用沙箱机制，相互之间不会有任何接口，并且开销极低。

与传统虚拟机相比，Docker 容器在操作系统层面实现虚拟化，即直接复用本地主机的操作系统，其最大的特点是更加轻量级。图 2-1-26、图 2-1-27 所示分别为 Docker 和传统虚拟机的虚拟化方式。

图 2-1-26　Docker 的虚拟化方式

图 2-1-27　传统虚拟机的虚拟化方式

Docker 的 5 个主要特点如下。

- 启动速度以秒级计算。
- 系统支持量大，单机支持上千个容器。
- 隔离性为安全隔离。
- 硬盘占用空间一般为 MB 级别。

● 性能接近原生。

2.1.6 ThingsBoard

1. 进入 ThingsBoard 界面

学生在登录 AIoT 平台之后，可通过"课程与任务"目录的子目录"我的任务"进入所选任务。在开始任务之后，在"实验环境"选区中选择"ThingsBoard"选项，进入 ThingsBoard 界面，如图 2-1-28 所示。

图 2-1-28　从 AIoT 平台进入 ThingsBoard 界面

2. 实体

ThingsBoard 平台提供了用户界面和 REST API，便于用户在 IoT 应用程序中配置和管理多种实体类型及其关系。ThirgsBoard 支持的实体如下。

（1）租户（Tenant）

租户可视为独立的业务实体，指的是拥有或生产设备和资产的个人及组织。一个租户可有多个租户管理员和成千上万个客户。

（2）客户（Custom）

客户可视为一个独立的企业实体，可购买或使用租户的设备、资产、组织。一个客户可有多个租户及成千上万的设备和资产。

（3）用户（User）

用户能够浏览仪表板和管理实体。

（4）设备（Device）

设备是基本的 IoT 实体，既可上报遥测数据（Telemetry）或属性值（Attribute）给 IoT 平台，又可通过接收 IoT 平台中的 RPC 命令来处理 IoT 设备中的对象遥测数据，如传感器（Sensor）、执行器（Actuator）、开关（Switch）。

（5）资产（Asset）

资产是一种可关联 IoT 设备或其他资产的抽象实体，如工厂（Factory）、字段（Field）、车辆（Vehicle）等。

（6）仪表板（Dashboard）

仪表板是一种实时监控界面，既可显示 IoT 设备产生的实时数据和图表数据，又可通过界面上的按钮控制执行器设备。

（7）规则节点（Rule Node）

规则节点是处理实体生命周期事件的单元。

（8）规则链（Rule Chain）

规则链也称为策略，是一组关联在一起的规则节点的简称，即规则节点的逻辑单元。

实体支持属性、遥测数据及关系。其中，属性表示与实体相关联的静态和半静态键-值对，如序列号、型号、固件版本等；遥测数据表示可用于存储、查询和可视化的时间序列数据点，如温度、湿度、电池电量等。

ThingsBoard 平台为学生提供了直观、便捷的图形界面操作，在进行实体添加的时候，只需单击相应实体界面右上角的"＋"按钮，即可选择添加新实体或导入已创建的实体。以添加资产实体为例，图 2-1-29 所示为在 ThingsBoard 平台上创建实体的方法。

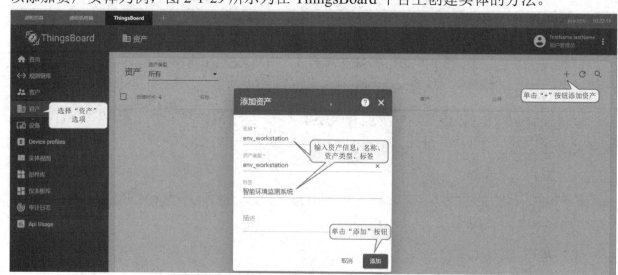

图 2-1-29　在 ThingsBoard 平台上创建资产实体

3. 设备配置

设备配置文件（Device Profile）用来对使用了同一个配置文件的 IoT 设备进行统一配置。在 AIoT 平台上，通常会为同一类型的 IoT 设备配置统一的设备配置文件。常见的设备配置文件类型有网关、传感器和执行器。

（1）网关

通常以"gateway"作为关键字进行网关类型设备配置文件的命名。在添加 IoT 设备时，可为仿真网关和真实网关统一配置网关类型的设备配置文件。需要注意的是，在添加网关类型的 IoT 设备实体时，需要勾选"是网关"复选框以告知 ThingsBoard 平台当前添加的设备实体为网关设备。

（2）传感器

通常以"sensor"作为关键字进行传感器类型设备配置文件的命名。在添加 IoT 设备时，可为仿真传感器设备和真实传感器设备统一配置传感器类型的设备配置文件。

（3）执行器

通常以"actuator"作为关键字进行执行器类型设备配置文件的命名。在添加 IoT 设备时，可为仿真执行器设备和真实执行器设备统一配置执行器类型的设备配置文件。

4．数据获取

在 ThingsBoard 平台上，可通过 IoT 设备实体的"最新遥测"界面查看当前设备的最新遥测信息，包括最后更新时间、键名、遥测值。其中，网关设备上报到 ThingsBoard 中的数据，称为北向数据；网关设备下发到传感器、执行器中的数据，称为南向数据。完成南、北向数据的对接是在 ThingsBoard 平台上获取传感器和执行器数据的重要前提。

通过在 AIoT 平台上进行正确的配置，学生可在 ThingsBoard 平台上查看仿真设备与真实设备的最新遥测数据。

（1）仿真设备最新遥测数据获取

在 AIoT 平台虚拟仿真界面中使用"云终端"设备作为仿真网关，可查看"云终端"的服务地址为"mqtt.nelcloud.com"，服务端口为"8083"，如图 2-1-30 所示。

图 2-1-30　仿真设备"云终端"服务地址及端口查看

完成设备连线并开启模拟实验，可在虚拟仿真界面中查看当前传感器和执行器的状态。

在虚拟机终端的主配置文件"tb_gateway.yaml"中，将网关设备访问令牌设置为与 ThingsBoard 平台上仿真网关设备的访问令牌一致，且在连接器配置文件"modbus_serial.json"中配置相应连接器、传感器、执行器设备，此时从仿真设备到 ThingsBoard 设备实体的数据连接配置已完成。

若上述配置成功，则在 ThingsBoard 平台设备实体的"最新遥测"界面中，可成功查看相应传感器和执行器设备的最新遥测数据，且与虚拟仿真界面显示的数据一致。

（2）真实设备最新遥测数据获取

在物联网中心网关的"连接方式"界面中配置并启动 TBClient 连接方式，使其与 ThingsBoard 平台成功连接，并与 ThingsBoard 平台上的真实网关设备相关联。将"MQTT 服务端 IP"设置为 ThingsBoard 平台的 IP 地址，即"tb.nlecloud.com"，"MQTT 服务端端口"设置为"1883"，"Token"设置为 ThingsBoard 平台上真实网关设备的访问令牌，如图 2-1-31 所示。

图 2-1-31　物联网中心网关 TBClient 连接方式配置

完成真实设备的接线，并在物联网中心网关上完成连接器、传感器、执行器设备的配置，可在物联网中心网关的"数据监控"界面中获取真实设备当前的状态，包括传感器数值、执行器的不同状态。

通过上述配置，从真实设备到 ThingsBoard 设备实体的数据连接配置已完成。若上述配置成功，则在 ThingsBoard 平台设备实体的"最新遥测"界面中可成功查看相应传感器和执行器设备的最新遥测数据，且与物联网中心网关"数据监控"界面显示的数据一致。

5．仪表板设计

在 ThingsBoard 平台上通过添加实体别名和获取相应实体数据源并将其以更直观的可视化方式呈现为一类实体，这类实体就是仪表板。仪表板作为可实时监控的界面，不仅可通过设计图表、仪表、卡片、地图等组件显示 IoT 设备产生的实时数据，以及 IoT 设备在一定时间内数据的变化情况，还可通过设计界面上的控制组件控制执行器设备。

（1）实体别名

实体别名是在仪表板界面中配置 IoT 设备实体时显示的名称，由学生自行命名，一般将其命名为与设备实体或项目所需数据一致的名称。

在创建仪表板组件之前，必须先创建实体别名，并选择对应的 IoT 设备实体作为数据源。

（2）数据源

在添加组件的时候需要选择已创建的实体别名，并获取相应实体的数据源。

对实体设备来说，在它将传感数据上传至 ThingsBoard 平台之前，就已在物联网中心网关中进行了数据处理，所以在 ThingsBoard 平台上看到的数据是处理后的数据；对仿真设备来说，在它将传感器数据上传至 ThingsBoard 平台之前没有对数据进行相应处理，所以对仪表板上显示的数据进行公式转换处理之后的数据才是传感器的传感值。

（3）组件

① 图表组件

图表组件可以让 IoT 设备实体遥测数据的时间序列在仪表板上以柱状图、曲线图等形式呈现，如图 2-1-32 所示。

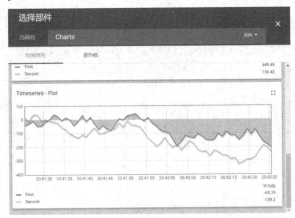

图 2-1-32　ThingsBoard 仪表板的图表组件

② 卡片组件

卡片组件可以让 IoT 设备实体的最新遥测数据在仪表板上以卡片的形式呈现，如图 2-1-33 所示。

图 2-1-33　ThingsBoard 仪表板的卡片组件

③ 控制组件

控制组件可以通过控制仪表板上的按钮状组件来控制 IoT 执行器设备的开启与关闭，如图 2-1-34 所示。

图 2-1-34　ThingsBoard 仪表板的控制组件

6. 关联关系与规则链

关联关系表示与其他实体的定向连接，比如资产与设备的关联关系、设备与设备的关联关系。关联关系通常用于设计规则链的属性集节点，以及规定两个实体之间的定向连接关系。

规则链由不同类型的规则节点（Rule Node）连接而成，每一条规则链都对应至少一条策略，用于为存在关联关系的设备实体制定一定的规则以实现自动化控制。

📖 任务实施

1. 生产线监测系统设计

根据 N 公司的需求，生产线监测系统能够监测、把控生产过程中产生的烟雾和噪声，并且监控车间工作人员的进出。L 公司项目经理针对该生产线监测系统进行了如下设计。

（1）设备选型

生产线监测系统需选用相应的设备，最重要的是网络层和传感层设备。除了网络层和传感层设备，还需要模拟量采集模块、数字量采集模块、继电器、RS485 转 RS232 模块以及电源。在虚拟仿真界面组件库区域找到相应设备，并将其拖放至工作区中。

云终端是网络层设备，即网关，如图 2-1-35 所示。设备位置为：采集器—网关—云终端。

烟雾传感器、噪声传感器、红外对射分别用来获取烟雾、噪声、人员进出的数据，如图 2-1-36 所示。设备位置为：传感器—有线传感器—烟雾传感器、噪声传感器、红外对射（主）、红外对射（副）。

图 2-1-35　云终端

图 2-1-36　传感器

风扇、警示灯、灯泡分别用来进行烟雾超标报警、噪声超标报警、车间大门人员进出提示，如图 2-1-37 所示。设备位置为：其他设备—负载—灯泡、警示灯、风扇。

继电器选用八口继电器，如图 2-1-38 所示。设备位置为：传感器—继电器—继电器。

图 2-1-37　执行器（从左到右依次为灯泡、警示灯、风扇）

图 2-1-38　继电器

烟雾传感器和红外对射属于开关量传感器，灯泡、警示灯和风扇属于执行器，通过数字量采集模块 ADAM4150、RS485 总线实现与网关设备的对接；噪声传感器属于模拟量传感器，通过模拟量采集模块 ADAM4017 将采集的数据经过 RS485 总线接入网关，如图 2-1-39 和图 2-1-40 所示。设备位置为：采集器—I/O 模块—ADAM4017、ADAM4150。需要注意的是，ADAM4017 和 ADAM4150 的地址码需设置成不一样的十六进制数，分别设置为 2 和 1。

图 2-1-39　模拟量采集模块 ADAM4017　　　图 2-1-40　数字量采集模块 ADAM4150

传感器设备需通过 RS485 总线连接在一起，最终接入网关设备的串口。RS485 接入网关有两种方式，一种是网关本身具备 RS485 接口，另一种是通过一个 RS485 转 RS232 模块接入网关设备。RS485 转 RS232 模块如图 2-1-41 所示。设备位置为：其他设备—其他外设—485=232。

图 2-1-41　RS485 转 RS232 模块

该项目使用的电源有 3 种，分别是 12V、24V 直流电源和 220V 通用电源，如图 2-1-42 所示。设备位置为：其他设备—电源—12V 直流电源、24V 直流电源、220V 通用电源。

图 2-1-42　电源

（2）设备清单

根据上述设备选型，生产线监测系统设备清单如表 2-1-6 所示。

表 2-1-6　生产线监测系统设备清单

序　号	设　备　名　称	数　量
1	烟雾传感器	1
2	噪声传感器	1
3	红外对射（主）	1
4	红外对射（副）	1

序　号	设 备 名 称	数　量
5	灯泡	1
6	警示灯	1
7	风扇	1
8	ADAM4150	1
9	ADAM4017	1
10	继电器	4
11	云终端	1
12	RS485 转 RS232 模块	1
总计		15

（3）网络拓扑图绘制

根据 N 公司对生产线监测系统的需求，L 公司项目经理绘制了图 2-1-43 所示的网络拓扑图。

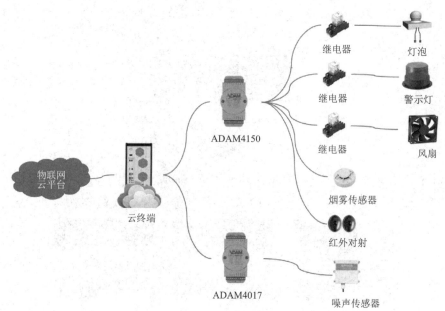

图 2-1-43　生产线监测系统网络拓扑图

2. 生产线监测系统 AIoT 仿真图绘制

在确定了网络拓扑图和设备选型之后，即可进行仿真图的绘制。在 AIoT 平台虚拟仿真界面中绘制生产线监测系统的仿真图，步骤如下。

（1）进入虚拟仿真界面

登录 AIoT 平台，在开始任务之后，在"实验环境"选区中选择"虚拟仿真"选项，进入虚拟仿真界面。

（2）设备连线

在虚拟仿真界面左侧的组件库中找到相应的设备，拖放至工作区中。将设备放置在恰当的位置，即可进行设备连线。根据网络拓扑图设计设备接线图，如图 2-1-44 所示。

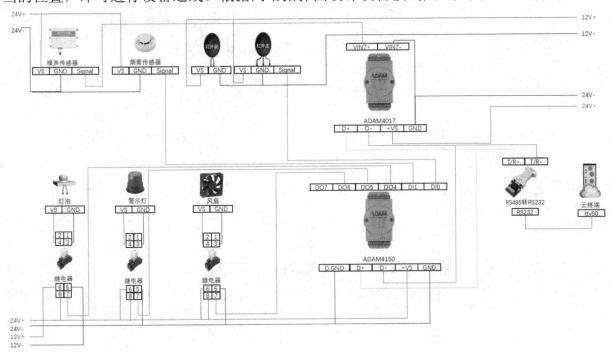

图 2-1-44 设备接线图

在 AIoT 平台的虚拟仿真界面中，设备连线完成后如图 2-1-45 所示。需要注意的是，设备需要正确供电才能正常工作，否则在设备上会出现供电异常的提示。

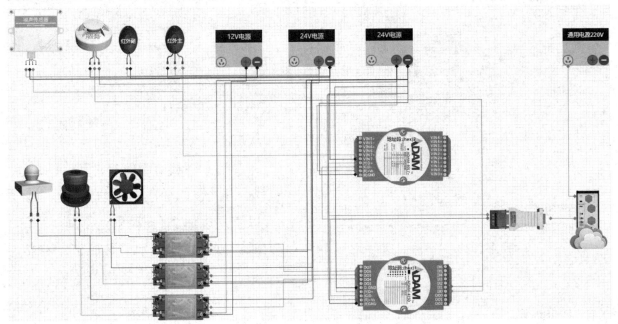

图 2-1-45 虚拟仿真界面中的设备连线图

（3）设备地址设置

通常需要对 485 型的设备地址进行设置，以区分同一节点下的不同设备。因此，需要将所使用的 485 型设备 ADAM4150 和 ADAM4017 分别设置为 1 和 2，如图 2-1-46 和图 2-1-47

所示。

图 2-1-46 ADAM4150 地址设置   图 2-1-47 ADAM4017 地址设置

（4）模拟实验开启

单击工作区左上角的"模拟实验"按钮，成功开启模拟实验，如图 2-1-48 所示。

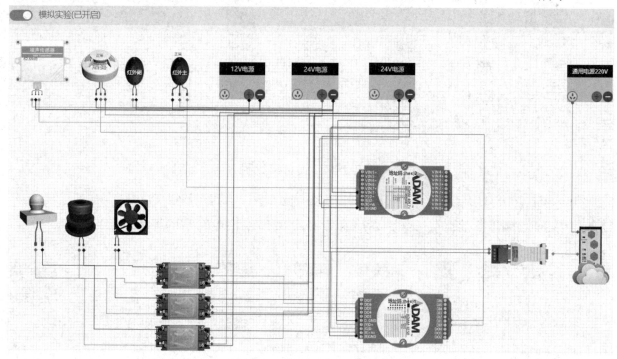

图 2-1-48 模拟实验成功开启

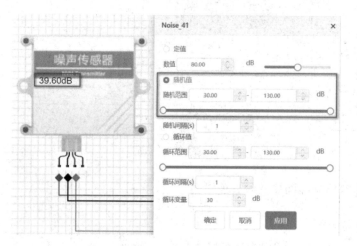

图 2-1-49 传感器值随机获取

（5）数据查看

在 AIoT 平台虚拟仿真界面中，可以直观地看到传感器上显示的数值，即当前传感器获取的传感值。将传感器上的数值设置为随机值，即可观察到当前传感器在最大量程和最小量程范围内随机获取的传感值，如图 2-1-49 所示。

由于暂未对生产监测系统设置相应策略，也未创建可直接控制执行器的控制部件，因此当前看到的执行器状态均为未启动。

任务小结

本任务介绍了 AIoT 平台及其提供的 3 个实验环境，重点介绍了仿真图绘制的方法。通过绘制网络拓扑图、进行设备选型和在 AIoT 平台虚拟仿真界面中绘制仿真图，以及进行设备地址、传感器数据等参数设置，最后通过开启模拟实验查看结果，使学生能够更加方便地将书本知识和实践操作相结合，从而熟练掌握 IoT 设备相关知识及 AIoT 平台虚拟仿真实验环境的使用方法。

本任务知识结构思维导图如图 2-1-50 所示。

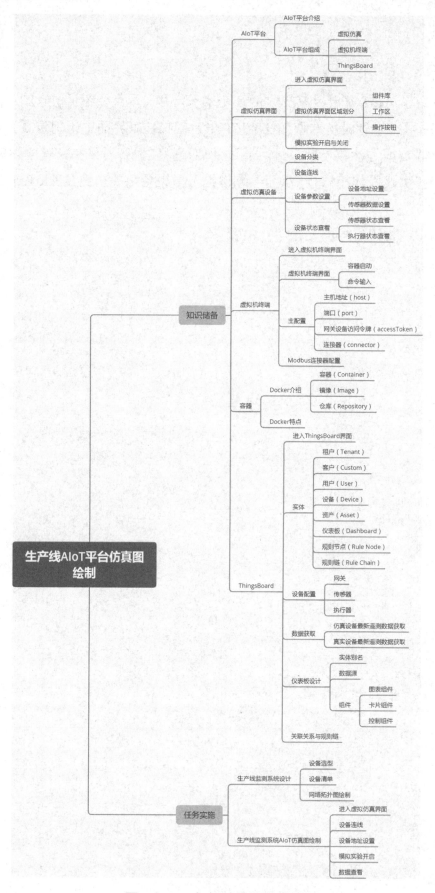

图 2-1-50　知识结构思维导图

任务 2 生产线 AIoT 平台虚拟仿真

✖ 职业能力目标

● 能根据生产线监测系统设计，正确完成 ThingsBoard 平台上资产与设备的添加与配置。

● 能根据设备选型及网络拓扑图，正确完成 AIoT 平台上仿真网关的部署。

● 能根据实际需求，正确完成 ThingsBoard 仪表板的设计。

⏰ 任务描述与要求

任务描述：

在完成 AIoT 平台上的仿真图绘制之后，为了实现 N 公司生产线生产过程中烟雾和噪声的监测以及车间人员进出的监管，L 公司项目经理着手在 ThingsBoard 平台上进行资产与设备的部署，并在虚拟机终端上进行仿真网关部署，最终实现在仪表板界面中呈现烟雾和噪声监测的实时数据，以及监测车间是否有人员进出，同时实现警示灯、风扇、灯泡等执行器的手动控制。

任务要求：

● 完成生产线监测系统的资产与设备部署。

● 完成生产线监测系统的仿真网关部署。

● 完成生产线监测系统的最新遥测数据查看。

● 完成生产线监测系统的仪表板设计。

💻 知识储备

2.2.1 常见 Docker 命令

Docker 命令可根据作用进行相应的分类，接下来根据不同类型对常见的 Docker 命令及相关参数展开介绍。

1. docker run

docker run 的作用是创建一个新的容器并运行一个命令（Command）。语法如下。

```
docker run [OPTIONS] IMAGE [COMMAND] [ARG...]
```

其中，IMAGE 表示创建的容器所使用的镜像，[OPTIONS]表示参数，常见的参数及其说明如下。

● -d：后台运行容器，并返回容器 ID。

● -i：以交互模式运行容器，通常与-t 同时使用。

● -t：为容器重新分配一个伪输入终端，通常与-i 同时使用。

- --name：为容器创建一个名称。
- --volume，-v：绑定一个卷。

实例：使用 Docker 镜像 httpd:latest，以后台模式启动一个容器，并将容器命名为"myhttpd"。

```
docker run --name myhttpd -d httpd:latest
```

2. docker restart

docker restart 的作用是重启容器。语法如下。

```
docker restart [OPTIONS] CONTAINER [CONTAINER...]
```

其中，[OPTIONS]表示参数，常见的参数及其说明如下。

- -t：关闭容器的限时，默认为 10 秒。

实例：重启容器 tb-gateway。

```
docker restart myrunoob tb-gateway
```

3. docker rm

docker rm 的作用是删除一个或多个容器。语法如下。

```
docker rm [OPTIONS] CONTAINER [CONTAINER...]
```

其中，[OPTIONS]表示参数，常见的参数及其说明如下。

- -f：通过 SIGKILL 信号强制删除一个运行中的容器。
- -l：移除容器间的网络连接，而非容器本身。
- -v：删除与容器关联的卷。

实例：强制删除容器 myhttpd。

```
docker rm -f myhttpd
```

4. docker ps

docker ps 的作用是列出容器。语法如下。

```
docker ps [OPTIONS]
```

其中，[OPTIONS]表示参数，常见的参数及其说明如下。

- -a：显示所有容器，包括未运行的。

实例：列出当前所有容器的信息。

```
root@nle:~$ docker ps -a
CONTAINER ID     IMAGE      COMMAND     CREATED      STATUS      PORTS      NAMES
d2b20d6a295d        dockerhub.nlecloud.com/1x_virtual_platform/thingsboard-gateway-
edu:1.1      "/bin/sh ./start-gat…"   38 seconds ago   Up 15 seconds        tb-gateway
9e7488ea3ad0        dockerhub.nlecloud.com/student/serial:1.0.0
"python ./code/manag…" s      22 minutes ago  Up 22 minutes        serial
```

上述输出参数的说明如下。

- CONTAINER ID：容器 ID。
- IMAGE：使用的镜像。
- COMMAND：启动容器时运行的命令。
- CREATED：容器的创建时间。
- STATUS：容器状态，有 created（已创建）、restarting（重启中）、running（运行中）、removing（迁移中）、paused（暂停）、exited（停止）、dead（死亡）共 7 种状态。
- PORTS：容器的端口信息和使用的连接类型。
- NAMES：自动分配的容器名称。

2.2.2　文本编辑

在 Linux 系统中，可通过 vi/vim、nano 等文本编辑器对文件进行文本编辑，包括新增、修改、删除等操作。

1．vi/vim

vi 是 Linux 系统中最常用的文本编辑器之一，vim 是从 vi 发展出来的一个文本编辑器，可以主动地以字体颜色区别语法的正确性，方便用户进行程序设计。虽然 vi 是老式的文本编辑器，但是其功能已经十分齐全，能够满足物联网设备部署与运维的需求。

启动 vi 编辑器的命令如下。

```
vi /路径/文件名
```

vi/vim 编辑器具有 3 种工作模式：命令模式（Command Mode）、输入模式（Insert Mode）和底线命令模式（Last Line Mode）。接下来以 vi 编辑器为例，对 3 种工作模式进行详细的介绍。

（1）命令模式

启动 vi 之后即可进入命令模式。

在命令模式下，任何键盘输入都会被识别为命令而非字符。在命令模式下只可操作一些最基本的命令，若需要输入更多命令，则需切换至底线命令模式。命令模式下常见的命令如下。

- i：切换到输入模式，可输入字符。
- x：删除当前光标处的字符。
- :：切换到底线命令模式，在当前界面的底部输入命令。

（2）输入模式

在命令模式下输入"i"即可进入输入模式。

在输入模式下，任何键盘输入的字符都会被识别为文件内容保护起来，并在屏幕上显示。若需退出输入模式，则按"Esc"键退回命令模式。另外，在输入模式下还可使用如下按键执行相应操作。

- 字符按键及 Shift 组合：输入字符。
- Enter：回车键，换行。
- Backspace：退格键，删除光标后一个字符。
- 方向键：在文本中移动光标。
- Home/End：移动光标到行首/行尾。
- Page Up/Page Down：上/下翻页。
- Insert：切换光标为输入/替换模式，光标变成竖线/下画线。
- Esc：退出输入模式，切换到命令模式。

（3）底线命令模式

在命令模式下输入 ":"（英文冒号）即可进入底线命令模式。

底线命令模式下可用的命令多于命令模式下可用的命令，其中最基本也是最常用的命令如下。

- w：保存当前文件。
- q：退出 vi 编辑器。
- q!：不保存文件并退出 vi 编辑器。
- wq：保存当前文件并退出 vi 编辑器。

2．nano

nano 是一种字符终端的文本编辑器，也是 Linux 系统中常用的文本编辑器。

相比于 vi/vim，nano 的操作更加简便，更适合 Linux 初学者，部分 Linux 发行版的默认编辑器即 nano。

使用 "nano" 命令可以打开指定路径下的指定文件并对其进行编辑。与 vi/vim 不同，nano 有且只有一种编辑模式，即在打开文件之后，直接将光标移动至相应的位置进行增加、修改、删除等操作。

（1）新建或打开文件

使用如下命令在指定路径下新建或打开指定文件。

```
nano /路径/文件名
```

执行上述命令后可实现如下功能。

- 当指定路径的指定文件已存在时，打开该文件。
- 当指定路径的指定文件不存在时，在指定路径下新建一个指定名称的文件并打开。

（2）光标控制

- 光标移动：使用方向键实现光标在文件中任何位置的移动。
- 文字选择：使用鼠标左键进行文字选择。

（3）复制、剪切、粘贴

在使用"nano"命令进行文本编辑的时候，可复制/剪切文本中的内容，并将其粘贴到相应位置，具体操作如下。

- 复制一整行："Alt+6"组合键。
- 剪切一整行："Ctrl+K"组合键。
- 粘贴："Ctrl+U"组合键。
- 复制/剪切一行或多行中的一部分：先将光标移动至该部分文本的开头，使用"Ctrl+6"或"Alt+A"组合键进行标记；再将光标移动至该部分文本的末尾，选中该部分文本；接着进行复制/剪切/粘贴操作，与上述操作一致。
- 取消文本选择："Ctrl+6"组合键。

（4）搜索与翻页

- 关键字搜索："Ctrl+W"组合键。
- 定位到下一个匹配文本："Alt+W"组合键。
- 翻至上一页："Ctrl+Y"组合键。
- 翻至下一页："Ctrl+V"组合键。

（5）保存与退出

- 保存修改内容："Ctrl+S"组合键。
- 退出文本编辑界面："Ctrl+X"组合键。
- 取消退出并返回编辑界面："Ctrl+C"组合键。

2.2.3　通信协议

通信协议是两个实体完成数据通信或服务所须遵守的规则与约定，主要集中在 ISO 七层协议中的物理层、数据链路层、网络层以及传输层上。

物联网的应用包含无线传输、有线传输、移动空中网络和传统互联网等多种物联网通信技术，具体包括 ZigBee、蓝牙、Wi-Fi、LoRa、NB-IoT、3G、4G、5G、RS232、RS485、RS422 等。

在物联网应用中，相关的通信协议主要有 MQTT、Modbus、CoAP 和 TCP/IP 等协议。接下来对这 4 种协议展开详细介绍。

1．TCP/IP

TCP/IP（Transmission Control Protocol/Internet Protocol，传输控制协议/网际协议）协议是一种能在多个不同网络之间实现信息传输的协议簇，定义了计算机等电子设备连入因特网（Internet）和数据传输的标准。

TCP 用于应用程序之间的通信，在两个应用程序之间建立一个全双工（Full-duplex）的通信，占用两个计算机之间的通信线路；而 IP 用于计算机之间的通信，不占用两个正在通信的计算机之间的通信线路。

TCP/IP 协议是基于 TCP 和 IP 的不同通信协议的集合，由 TCP（传输控制协议）、IP（网际协议）、HTTP（超文本传输协议）、HTTPS（安全的 HTTP）、SMTP（简易邮件传输协议）、POP（邮局协议）、FTP（文件传输协议）、DHCP（动态主机配置协议）、SNMP（简单网络管理协议）、ARP（地址解析协议）、RARP（反向地址转换协议）等协议构成，如图 2-2-1 所示。

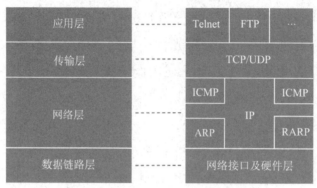

图 2-2-1 TCP/IP 协议的组成

TCP/IP 协议使用 32 位二进制数或 4 组值为 0~255 的十进制数为计算机编址（IP 地址），如 192.168.1.1 可表示某台计算机的 IP 地址。计算机等网络设备通过 IP 地址接入因特网，并实现与因特网和其他计算机之间的通信。

2. MQTT

MQTT（Message Queuing Telemetry Transport，消息队列遥测传输）协议，是一种"轻量级"通信协议，构建在 TCP/IP 协议的基础上，具有低开销、低带宽占用、即时通信等特点，在物联网领域有较为广泛的应用。

MQTT 协议需要通过客户端和服务器端间的通信实现，MQTT 协议中有发布者（Publish）、代理（Broker）和订阅者（Subscribe）3 种身份。其中，发布者和订阅者都是客户端，代理是服务器，且发布者与订阅者可以相同。MQTT 协议示意图如图 2-2-2 所示。

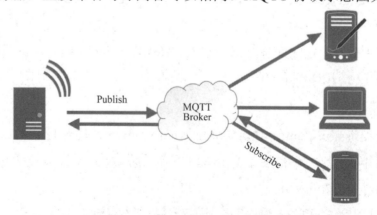

图 2-2-2 MQTT 协议示意图

MQTT 协议传输的消息分为两部分。

- 主题（Topic）：消息的类型，订阅者在订阅之后能够收到消息的主题。
- 负载（Payload）：消息的内容。

MQTT 协议通过建立客户端到服务器的连接，在两者之间提供一个有序、无损、基于字节流的双向传输，从而构建底层网络传输。当数据通过 MQTT 网络发送时，MQTT 协议将相关的服务质量（QoS）和主题（Topic）相关联。

MQTT 协议中定义了一些方法，用于对确定资源进行操作。这里的资源通常指服务器上的文件或输出。MQTT 协议中定义的方法主要有 Connect、Disconnect、Subscribe、Unsubscribe、Publish 等。

一个 MQTT 数据包由固定头（Fixed Header）、可变头（Variable Header）、消息体（Payload）3 部分组成。其中，固定头存在所有 MQTT 数据包中，表示数据包类型及分组类标识；可变头和消息体存在部分 MQTT 数据包中。

3. Modbus

Modbus 协议是一种国际标准的通信协议，用于使不同厂商的设备之间继续进行数据交换。Modbus 协议是在应用层进行报文传输的协议，包括 ASCII、RTU、TCP 这 3 种报文类型。

标准的 Modbus 协议相应的物理层接口有 RS485、RS232、RS422 和以太网接口，并采用主/从（master/slave）方式进行通信。图 2-2-3 所示为 Modbus 协议栈示意图，一类是串行链路上的 Modbus 协议（取决于 TIA/EIA 标准：232-F 和 485-A），另一类是基于 TCP/IP 协议的 Modbus 协议。

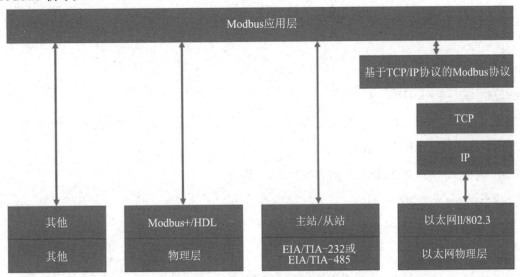

图 2-2-3 Modbus 协议栈示意图

（1）Modbus RTU

在 Modbus RTU 模式下，使用的物理硬件接口为 RS458、RS232 和 RS422，且一个字节的数据需要使用一个字节进行传输。

（2）Modbus ASCII

在 Modbus ASCII 模式下，使用的物理硬件接口为 RS458、RS232 和 RS422，且一个字节的数据需要使用两个字节进行传输。

（3）Modbus TCP

在 Modbus TCP 模式下，使用的物理硬件接口为以太网口。

4．CoAP

CoAP（Constrained Application Protocol，约束应用协议）是一种在物联网世界的类 Web 协议，也是一种专用在资源受限的物联网设备上的因特网应用协议。CoAP 的详细规范由 RFC 7252 定义，通常在同一受限网络上的设备之间、设备和因特网的一般节点之间、由因特网连接的不同受限网络的设备之间使用。

CoAP 采用了与 HTTP 类似的特征，具有资源抽象、REST 式交互、可扩展头选项等核心内容。与 HTTP 在受限环境中的劣势不同，为了适应设备的约束条件，CoAP 重新设计了 HTTP 的部分功能。图 2-2-4 所示为 HTTP 和 CoAP 的协议栈。

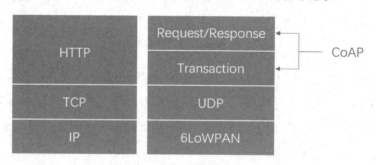

图 2-2-4　HTTP 和 CoAP 的协议栈

（1）特点

CoAP 具有如下特点。

- 网络传输层为 UDP。
- 基于 REST，server 端的资源地址类似 URL 的格式，客户端访问 server 端的方法有 POST、GET、PUT、DELETE。
- 二进制格式，比文本格式的 HTTP 更紧凑。
- 轻量化，最小长度为 4B。
- 支持可靠传输、数据重传、块传输。
- 支持 IP 多播。
- 非长连接通信，适用于低功耗物联网场景。

（2）消息类型

基于消息模型，CoAP 定义了 4 种消息类型。

- CON：需要被确认的请求。

- NON：不需要被确认的请求。
- ACK：应答消息。
- RST：复位消息。

在 AIoT 平台上，实体之间的通信会根据实际使用的 IoT 设备采用相应的通信协议，以实现实体与实体之间的数据交换，从而实现项目任务要求。

📖 任务实施

根据本项目任务 1 绘制的生产线 AIoT 仿真图，在 ThingsBoard 平台和虚拟机终端上完成生产线 AIoT 平台的虚拟仿真，操作步骤如下。

1．资产与设备部署

（1）进入 ThingsBoard 界面

首先使用 AIoT 学生账号登录 AIoT 平台，在开始任务之后，在"实验环境"选区中选择"ThingsBoard"选项，进入 ThingsBoard 界面。

（2）创建生产线监测系统资产

在"资产"界面中创建一个名为"Production Line"的资产，表示生产线，生产线监测系统的网关、传感器、执行器等设备都属于该资产。创建生产线监测系统资产的过程与结果如图 2-2-5 所示。

图 2-2-5 创建生产线监测系统资产

（3）创建生产线监测系统设备配置文件

在"设备"界面中创建 3 个设备配置文件，名为"gateway""sensor""actuator"，分别表示网关设备、传感器设备和执行器设备。创建生产线监测系统设备配置文件的过程与结果如图 2-2-6 所示。

（4）创建生产线监测系统仿真网关设备

在"设备"界面中创建一个名为"gateway_sim"的仿真网关，表示生产线监测系统仿真网关。选中"Select existing device profile"单选按钮，将"Device profile"设置为"gateway"。创建生产线监测系统仿真网关设备的过程与结果如图 2-2-7 所示。

图 2-2-6　创建生产线监测系统设备配置文件

图 2-2-7　创建生产线监测系统仿真网关设备

2. 创建并启动 tb-gateway 容器

（1）进入虚拟机终端界面

首先使用 AIoT 学生账号登录 AIoT 平台，在开始任务之后，在"实验环境"中选择"虚拟机终端"选项，进入虚拟机终端界面。

（2）tb-gateway 容器的创建与启动

在 AIoT 平台的虚拟机终端界面上直接使用"docker run"命令进行 tb-gateway 容器的创建与启动，并通过相应的命令参数实现 tb-gateway 容器所需的功能，执行命令如下。

```
docker run -it \
-v /dev/ttyS11:/dev/ttyUSB0 \
-v ~/.tb-gateway/logs:/thingsboard_gateway/logs \
-v ~/.tb-gateway/extensions:/thingsboard_gateway/extensions \
-v ~/.tb-gateway/config:/thingsboard_gateway/config \
--name tb-gateway \
--restart always \
swr.cn-east-3.myhuaweicloud.com/newland-edu/1x_virtual_platform/thingsboard-
gateway-edu:1.1
```

上述命令中各参数的含义如下。

- -it 表示为容器重新分配一个伪输入终端并可对其标准输入（STDIN）进行交互。
- -v 表示为容器添加挂载。
- --name 表示为容器命名。

（3）查看 tb-gateway 容器状态

最后，使用"docker ps -a"命令即可查看当前创建的 tb-gateway 容器，其运行状态为 Up，如图 2-2-8 所示。"dockerhub.nlecloud.com/lx_virtual_platform/thingsboard-gateway-edu:1.1"为创建容器的镜像所在的路径。

图 2-2-8 tb-gateway 容器成功创建并启动

3. 修改 tb-gateway 主配置文件

虚拟机终端通过配置 ThingsBoard IoT Gateway 的主配置文件实现与 ThingsBoard 平台的对接，学生可通过修改主配置文件内容进行云平台的连接、网关设备的选择、所加载连接器的选择。

（1）删除原主配置文件

使用"rm"命令删除".tb-gateway/config/"路径下的主配置文件"tb_gateway.yaml"，执行命令如下。

```
rm .tb-gateway/config/tb_gateway.yaml
```

（2）创建并打开主配置文件

使用"nano"命令创建并打开".tb-gateway/config/"路径下的主配置文件"tb_gateway.yaml"，进入文件编辑界面，执行命令如下。

```
nano .tb-gateway/config/tb_gateway.yaml
```

（3）修改主配置文件内容

将图 2-2-9 所示内容复制到主配置文件"tb_gateway.yaml"中。其中，主机地址（host）和端口（port）分别为 ThingsBoard 平台的 IP 地址"tb.nlecloud.com"和连接端口"1883"，连接器仅保留了需要加载的 Modbus 连接器，连接器配置文件名为"modbus_serial"。

```
thingsboard:
  host: tb.nlecloud.com
  port: 1883
  remoteShell: false
  remoteConfiguration: false
  security:
    accessToken: yATSZRzIAE9LiRSEIuKt
  qos: 1
  storage:
  type: memory
  read_records_count: 100
  max_records_count: 100000
connectors:
  -
    name: Modbus Connector
    type: modbus
    configuration: modbus_serial.json
```

图 2-2-9 主配置文件"tb_gateway.yaml"

（4）修改网关设备访问令牌

复制 ThingsBoard 网关设备的访问令牌，并将其粘贴至"tb_gateway.yaml"文件的网关设备访问令牌中。

注意：每个账号下不同网关设备的访问令牌各不相同，应根据实际使用的网关设备修改相应的访问令牌。

（5）保存 tb_gateway 文件并退出

在配置完成之后，首先按"Ctrl+S"组合键保存已修改的内容，然后按"Ctrl+X"组合键退出"tb_gateway.yaml"文件的编辑界面。

4. 修改连接器配置文件

虚拟机终端通过配置 ThingsBoard IoT Gateway 的连接器配置文件实现在网关设备中添加连接器，并在连接器中添加相应的传感器和执行器设备。

在生产线监测系统仿真网关的部署过程中，需要在虚拟机终端中修改连接器配置文件

"modbus_serial.json"。

（1）删除原连接器配置文件

使用"rm"命令删除".tb-gateway/config/"路径下的连接器配置文件"modbus_serial.json"，执行命令如下。

```
rm .tb-gateway/config/ modbus_serial.json
```

（2）创建并打开连接器配置文件

使用"nano"命令创建并打开".tb-gateway/config/"路径下的连接器配置文件"modbus_serial.json"，进入文件编辑界面，执行命令如下。

```
nano .tb-gateway/config/modbus_serial.json
```

（3）修改连接器配置文件内容

根据生产线监测系统的设计，将连接器配置的内容复制到连接器配置文件"modbus_serial.json"中。最外层 server 部分的参数 type 为 serial，表示连接器为串口类型；baudrate 为 9600，与 485 型设备的波特率一致。第二层 devices 部分中每个设备都以一个数组的方式出现，依次为噪声传感器、烟雾传感器、红外对射、灯泡、警示灯、风扇。图 2-2-10 所示为"modbus_serial.json"中最外层 server 部分和第二层 devices 部分噪声传感器的配置内容。

```json
{
    "server": {
        "name": "Modbus Default Server",
        "type": "serial",
        "method": "rtu",
        "port": "/dev/ttyUSB0",
        "baudrate": 9600,
        "timeout": 5,
        "devices": [{
                "unitId": 2,
                "deviceName": "noise_sensor",
                "timeseriesPollPeriod": 10000,
                "sendDataOnlyOnChange": false,
                "timeseries": [{
                        "tag": "noise",
                        "type": "16uint",
                        "byteOrder": "BIG",
                        "functionCode": 3,
                        "objectsCount": 1,
                        "address": 7
                    }
                ]
            },
```

图 2-2-10　连接器配置文件"modbus_serial.json"

（4）保存连接器配置文件并退出

在连接器配置文件修改完成之后，先按"Ctrl+S"组合键保存，再按"Ctrl+X"组合键退出文件编辑界面。

（5）重启容器

使用"docker restart"命令重启容器，执行命令如下。

```
docker restart tb-gateway
```

在"设备"界面中单击右上角的"刷新"图标，刷新设备列表。若上述配置均正确，则

"设备"界面将出现"modbus_serial.json"文件中配置的设备。编辑每个设备的"Device profile"和"Label"，结果如图 2-2-11 所示。

图 2-2-11　设备列表刷新

5. 查看最新遥测数据

在设备添加完成之后，单击虚拟仿真界面中的"模拟实验"按钮，在"设备"界面中，进入每个设备的"最新遥测"界面，可看到每个设备的最新遥测数据，如图 2-2-12 所示。

图 2-2-12　最新遥测数据查看

另外，可通过查看虚拟仿真界面的传感器数据和"设备"界面的最新遥测数据，验证两处数据是否成功实现同步。图 2-2-13 和图 2-2-14 所示分别为噪声传感器和烟雾传感器在虚拟仿真界面中的传感器数据和在"设备"界面中的最新遥测数据的对比。其中，噪声传感器的最新遥测数据为模拟量数据，需要经过公式转换才能得到传感器数据，数据转换公式如下。

传感器值=模拟量值*(最大量程–最小量程)/65536+最小量程

其中，最大量程和最小量程分别指的是该传感器的最大量程和最小量程，可在虚拟仿真界面相应设备的数据配置窗口中进行查看。

图 2-2-13 噪声传感器虚拟仿真数据及 ThingsBoard 最新遥测数据对比

图 2-2-14 烟雾传感器虚拟仿真数据及 ThingsBoard 最新遥测数据对比

6. 设计仪表板

根据任务描述与要求，在仪表板界面中呈现烟雾和噪声监测的实时数据，并监测车间是否有人员进出，同时实现警示灯、风扇、灯泡等执行器的手动控制。需要注意的是，在完成每个组件的设计之后都要进行保存，在整个仪表板的设计完成之后同样需单击右下角的"√"图标进行保存，具体步骤如下。

（1）添加实体别名

进入仪表板界面，依次添加烟雾监测、噪声监测、红外对射、风扇、警示灯、灯泡的实体别名，操作步骤如下。

单击右上角的"实体别名"图标，进入编辑模式，单击"添加别名"按钮，输入别名，选择"单个实体"选项，将"类型"设置为"设备"，选择相应设备。添加实体别名的结果如图 2-2-15 所示。

图 2-2-15 添加实体别名

（2）添加传感器组件

选择合适的组件，添加相关传感器数据源，并通过设置修改组件界面呈现的标题、图标等。

① 添加组件

添加噪声传感器监控组件的操作步骤如下。

单击"+"图标，单击"创建新部件"按钮，选择"Charts（图表组件）"→"时间序列"→"Timeseries Flot"选项，如图 2-2-16 所示。

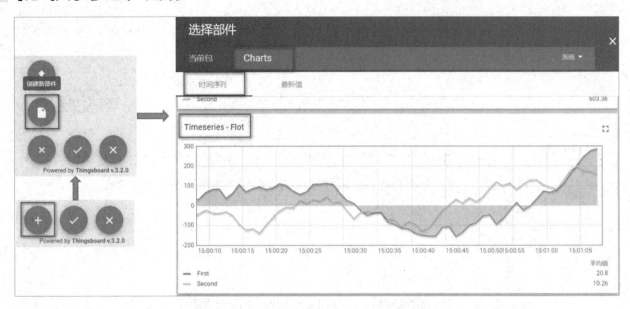

图 2-2-16　仪表板添加噪声传感器监控组件

使用同样的方法添加烟雾传感器和红外对射监控组件。

添加烟雾传感器监控组件的操作步骤如下。

单击"+"图标，单击"创建新部件"按钮，选择"Cards（卡片组件）"→"时间序列"→"Timeseries-table"选项。

添加红外对射监控组件的操作步骤如下。

单击"+"图标，单击"创建新部件"按钮，选择"Cards（卡片组件）"→"最新值"→"New Simple-card"选项。

② 添加、编辑数据源

在部件的数据配置界面中添加、编辑数据源，操作步骤如下。

单击"添加"按钮，选择"实体"选项，选择实体别名和相应数据的键，如 noise、smoke、infrared。单击加入的键右侧的"编辑"图标，进行数据键配置（键、标签、单位符号）。

噪声传感器的模拟量数据需要经过公式转换才能得到传感器数据，勾选"使用数据后处理功能"复选框，输入如下命令。

```
return value*(130-30)/65536+30;
```

添加、编辑噪声传感器数据源的过程如图 2-2-17 所示，单击"保存"按钮。使用相同的方法添加、编辑烟雾传感器和红外对射的数据源，但是不需要使用数据后处理功能。

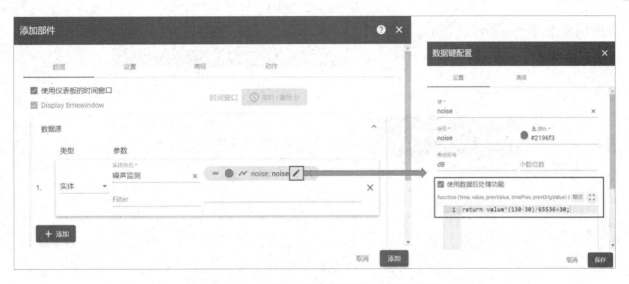

图 2-2-17　添加、编辑噪声传感器数据源

（3）添加执行器组件

执行器组件的添加方法与传感器组件相同，需要选择合适的组件，添加相关执行器数据源，并通过设置修改组件界面呈现的标题、图标等。

① 添加组件

单击"添加组件"按钮，选择"Control widgets（控制组件）"→"Switch Control"选项。

② 添加、编辑数据源

添加和编辑警示灯、风扇、灯泡数据源的方式与添加和编辑传感器数据源的方式一致。

③ 编辑 RPC 命令

编辑控制组件，选择"高级"选项，修改"Convert value function"区域的命令，如图 2-2-18 所示。

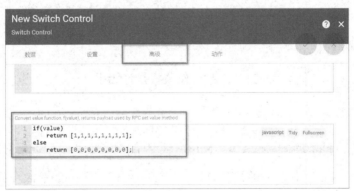

图 2-2-18　执行器编辑 RPC 命令

图 2-2-18 所示的 RPC 命令表示，如果执行器的开关是打开的，且"value"值为"真"，则返回"[1,1,1,1,1,1,1,1,1]"，打开执行器；否则返回"[0,0,0,0,0,0,0,0,0]"，关闭执行器。

（4）添加背景图片

在仪表板界面中单击"设置"图标，将本地图片拖放至"背景图片"区域中，或单击该区域虚线框处并上传图片至 ThingsBoard 仪表板，作为仪表板的背景图片，如图 2-2-19 所示。

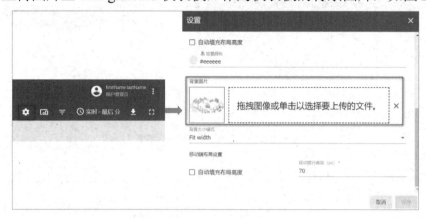

图 2-2-19 仪表板添加背景图片

（5）查看结果

在虚拟仿真界面中修改传感器的状态，可在仪表板界面中查看相应的数据变化，如图 2-2-20 所示。在仪表板界面中操作控制组件的时候，可在虚拟仿真界面中查看相应执行器状态的变化。

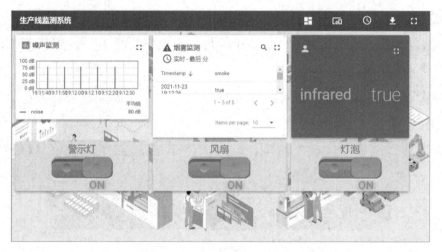

图 2-2-20 仪表板设计结果

🏔 任务小结

本任务介绍了常见的 Docker 命令，Linux 常用的文本编辑器 vi 和 nano，物联网中常见的通信协议 MQTT、Modbus、CoAP 和 TCP，重点介绍了 Docker 命令在 AIoT 平台上的使用。通过在 AIoT 平台上进行资产与设备部署、仿真网关部署和仪表板设计，实现了生产线监测系统的数据监控与管理，使学生能够更加方便地将书本知识和实践操作相结合，从而熟练掌握在 ThingsBoard 平台上进行资产与设备部署、在虚拟机终端上进行仿真网关设置，以及 ThingsBoard 仪表板设计的相关知识与方法。

本任务知识结构思维导图如图 2-2-21 所示。

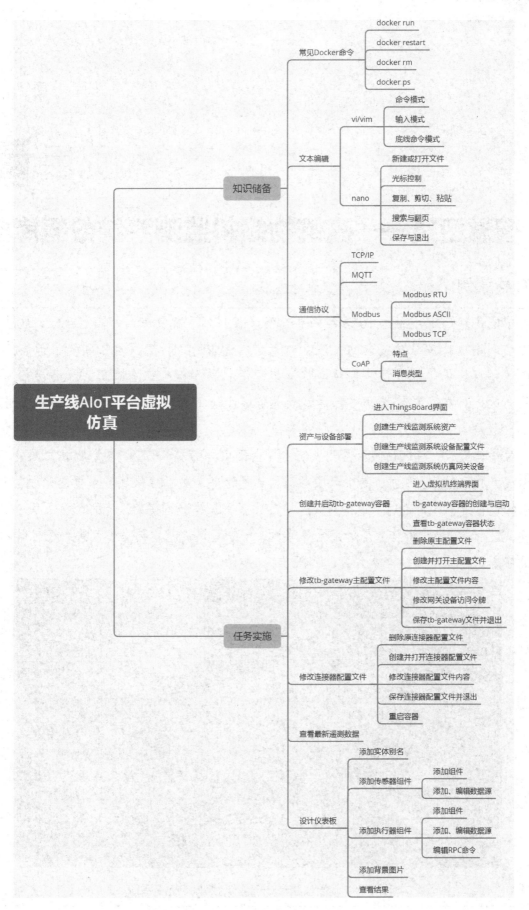

图 2-2-21 知识结构思维导图

项目 3

智慧建筑——建筑物倾斜监测系统数据库部署

　　中国房地产市场经过 10 多年的高速发展，出现了数量惊人的高层小区，这些小区的安全问题也日益引发民众的关注。对于高层建筑而言，工程施工质量、地质灾害以及周边挖掘施工等都有可能导致建筑发生倾斜，进而产生安全隐患，给高层住户带来风险。因此，在高层建筑物中部署建筑物倾斜监测系统，对建筑物的倾斜状况进行监控，已经成为不少高层小区业主们的选择。

　　智慧建筑——建筑物倾斜监测系统主要由倾角传感器、报警装置、物联网网关、信号传输线路和云服务器组成。其中云服务器需要通过部署数据库来实现数据的管理，并配备相应的运行维护人员进行日常管理。能够对数据库系统进行安装，以及对数据库进行创建、修改、删除、查询等操作，是对云服务器运行维护人员的基本要求。目前已经有很多高层建筑部署了建筑物倾斜检测系统，如图 3-1-1 所示。

图 3-1-1　智慧建筑——建筑物倾斜监测系统

任务 1 建筑物倾斜监测系统的数据库安装

职业能力目标

● 能根据客户需求，结合现场实际环境，选择合适的数据库软件。

● 能根据服务器系统类型，结合软/硬件环境，完成数据库的安装。

任务描述与要求

任务描述：

L 公司是一家主营物联网产品和技术服务的公司，主要从事物联网产品销售、组网设计、施工和售后服务等方面的业务。N 小区建筑为高层建筑，所在地地震频发，并且附近经常有挖掘施工。这导致 N 小区住户对所处高层建筑的安全极为关注，因此向 L 公司提出建设智慧建筑——建筑物倾斜监测系统的要求，以确保能够实时了解小区高层建筑的倾斜状态。

L 公司计划将此项目打造成精品样板，用以提升自身品牌效力，并委任了一位项目经理负责该项目。项目经理在进行了需求调研、施工组织设计等工作之后进行任务分工，指派 LC 工程师搭建云服务器的数据库系统。

任务要求：

● 根据 N 小区住户的需求，结合服务器、待存储数据等具体信息，选择合适的数据库软件。

● 根据服务器系统、软/硬件等具体情况，完成数据库系统的安装和登录。

知识储备

3.1.1 数据库介绍

1. 数据库概念

数据库（Database）是一种电子化的文件存储技术，能让用户对文件中的数据进行各种操作。数据库以一定的方式存储数据，可以实现多个用户共享，并且具有尽可能小的冗余度。

数据库作为存储数据的仓库，可以存放上亿条数据，存储空间非常大。但是数据库的数据是需要按规则存储的，否则会导致查询的效率降低。在信息社会中，数据的来源众多，比如出行记录、消费记录、浏览的网页、发送的消息等；数据的类型也呈现多样化，不仅有文本类型的数据，还有图像、声音等类型的数据。

数据库管理系统（Database Management System，简称 DBMS）是一种专门用于操作和管理数据库的软件，可以对数据库进行创建、修改、查询、删除等工作。它负责对数据库进行统一的管理和控制，以保证数据库的安全性和完整性。用户可以通过 DBMS 访问数据库中的数据，数据库管理员也可以通过 DBMS 进行数据库的维护工作。DBMS 可以支持多个应用程序和用户，用不同的方法，在相同或不同的时刻建立、修改和查询数据库。

2. 数据库产品分类

数据库的分类主要参照数据模型，常见的数据模型有层次模型、网状模型、关系模型、面向对象模型、半结构化模型等。关系模型长期以来是社会上使用的主流数据模型，因此通常将数据库分为两类：关系型数据库和非关系型数据库。

（1）关系型数据库

① MySQL

MySQL 是一个快速、多线程、多用户和健壮性良好的 SQL 数据库软件，既可以支持高负载生产系统，又可以嵌入到其他软件中。它目前采用的是双授权销售策略，分为社区版和商业版两个版本。MySQL 凭借占用空间小、运行速度快、整体拥有成本低，特别是开放源码这一优势，目前被普遍使用。

② SQL Server

SQL Server 具备众多的 Web 以及电子商务支持功能，用户可以通过 Web 对数据进行轻松、安全的访问。此外，它还具有强大、灵活、安全的应用程序管理特色。SQL Server 使用集成的商业智能工具，能够提供企业级的数据管理，其数据库引擎为关系型数据和结构化数据提供了更安全、可靠的存储功能，因此用户可以基于 SQL Server 开发出具备高可用性和多性能的应用程序。

③ Oracle

Oracle 是世界上第一个开放式且商品化的关系型数据库管理系统。它采用 SQL 结构化查询语言，可以支持多种数据类型，以及存储面向对象的数据。另外，它还具备优秀的并行处理能力。Oracle 主要由 Oracle 服务器、Oracle 开发工具以及 Oracle 应用软件组成。Oracle 产品系列齐全，几乎涉及所有应用领域，具有规模大、完善、安全等特点，可以支持多个实例同时运行；Oracle 产品功能齐全，能在主流平台上运行，支持大部分的工业标准，主要满足银行、金融、保险等企事业单位开发大型数据库的需求。

④ DB2

DB2 由美国 IBM 公司开发，主要的运行环境有 UNIX、Linux、IBM i、z/OS，以及 Windows 操作系统。它主要应用于大型应用系统，具有较好的可伸缩性，从大型机到单用户环境均可得到支持，被应用于所有常见的操作系统中。DB2 具有很好的网络支持能力，每个子系统都可以连接十几万个分布式用户，可同时激活上千个活动线程，对大型分布式应用系统尤为适用。

⑤ Access

Access 是 Microsoft 把数据库引擎的图形用户界面和软件开发工具结合在一起开发的数据库管理系统，是 Microsoft Office 的程序之一。

（2）非关系型数据库

非关系型数据库（NoSQL）适合追求速度和可扩展性、业务多变的应用场景，以及非结构化数据的存储。例如，文章、图片、视频等非结构化数据通常只需要模糊处理，并不需要精确查询，而且这类数据的数据规模通常是庞大的，数据规模的增长也无法进行预期；非关系型数据库具有无限扩展的能力，可以很好地满足非结构化数据的存储要求。

非关系型数据库还没有统一的判定标准，目前主要有以下 4 类。

① 键-值对存储

键-值对存储目前的代表软件是 Redis，优点是数据查询速度极快，但是缺点也较为明显，需要存储数据之间的关系。

② 列存储

列存储目前的代表软件是 HBase，优点是对数据的快速查询以及存储的扩展性强，缺点是数据库的功能具有一定的局限性。

③ 文档数据库存储

文档数据库存储目前的代表软件是 MongoDB，优点是对数据结构要求不严格，缺点是数据查询性比较弱，同时目前还没有统一的查询语言。

④ 图形数据库存储

图形数据库存储目前的代表软件是 InfoGrid，优点是可以方便地利用图结构的相关算法进行计算，缺点是要想得到结果就必须进行整个图的计算，并且在遇到不合适的数据模型时，会出现图形数据库很难使用的问题。

3.1.2 MySQL 特性

1. MySQL 数据库特点

MySQL 是当前主流的数据库软件，很多公司都采用 MySQL 以降低成本。MySQL 数据库具有以下特点。

（1）功能强大

MySQL 提供多种数据库存储引擎，各个引擎分别适用于不同的应用场合，用户可以选择最合适的引擎以得到最好的性能，以处理每天访问量超过数亿的、高强度的 Web 站点搜索。MySQL 5 支持事务、视图、存储过程、触发器等。

（2）跨平台

MySQL 可以支持 20 种以上的开发平台，包括 Linux、Windows、FreeBSD、IBM AIX、AIX 等，这使得编写的程序可以很方便地进行移植。

（3）运行快

MySQL 具有高速的显著特性。在 MySQL 中，使用了极快的 B 树磁盘表（MyISAM）和索引压缩；通过使用优化的单扫描多连接，能够极快地实现连接；SQL 函数使用高度优化的类库来实现，运行速度极快。

（4）面向对象

MySQL 支持混合编程方式。编程方式可分为纯粹面向对象、纯粹面向过程、面向对象与面向过程混合 3 种方式。

（5）安全性好

MySQL 拥有灵活和安全的权限与密码系统，允许基于主机的验证。当 MySQL 连接到服务器时，所有的密码传输均采用加密形式，从而保证密码的安全。

（6）成本低

MySQL 是一款完全免费的产品，用户可以直接通过网络下载。

（7）支持开发语言

MySQL 能够为各种流行的程序设计语言提供支持，并为它们提供很多的 API 函数，这些语言包括 PHP、ASP.NET、Java、Eiffel、Python、Ruby、Tcl、C、C++、Perl 等。

（8）存储容量大

MySQL 的 InnoDB 存储引擎将 InnoDB 表保存在一个表空间内，该表空间可由数个文件创建，表空间的最大容量为 64TB，可以轻松处理拥有上千万条记录的大型数据库。

（9）支持内置函数

PHP 提供了大量内置函数，几乎涵盖了 Web 应用开发中的所有功能，并内置了数据库连接、文件上传等功能。MySQL 支持大量的扩展库，如 MySQLi 等，可以为快速开发 Web 应用提供便利。

2．MySQL 数据库发行版本

针对不同的用户，MySQL 分为以下 5 个版本。

（1）MySQL Community Server（社区版）

该版本完全免费，但是官方不提供技术支持，这也是目前使用最为普遍的 MySQL 版本。

（2）MySQL Enterprise Server（企业版）

该版本能够以很高的性价比为企业提供数据仓库应用，支持 ACID 事务处理，提供完整的提交、回滚、崩溃恢复和行级锁定功能，但是需要付费使用，官方提供电话技术支持。

（3）MySQL Cluster（集群版）

该版本开源免费，可将几个 MySQL Server 封装成一个 Server。该版本无法单独使用，要在前两个版本的基础上使用，通常用来平衡多个数据库。

（4）MySQL Cluster CGE（高级集群版）

该版本需要付费使用。它采用分布式节点架构的存储方案，便于提供容错性和高性能，比集群版具备更强的功能。

（5）MySQL Workbench（GUI TOOL）

MySQL Workbench 是一款专为 MySQL 设计的 ER/数据库建模工具。

3．MySQL 数据库主要应用场景

（1）Web 站点系统

Web 站点是 MySQL 最大的客户群，也是 MySQL 发展最为重要的支撑力量。MySQL 之所以能成为 Web 站点开发者们最青睐的数据库管理系统之一，是因为 MySQL 数据库的安装和配置非常简单，使用过程中的维护也不像很多大型商业数据库管理系统那么复杂，而且性能出色。另外，MySQL 源代码开放，可以免费使用，这也是其被广泛使用的主要原因之一。

（2）日志记录系统

MySQL 数据库具有高效的插入和查询性能，可以和 MyISAM 存储引擎配合使用，以达到较好的并发性能。日志记录系统需要进行大量的插入和查询日志操作，比如处理用户的登录日志、操作日志等；因此对于日志记录系统，MySQL 是很好的选择。

（3）数据仓库系统

对于数据仓库系统，随着数据库数据量的飞速增长，数据所需要的存储空间越来越大，数据的统计分析变得越来越低效。MySQL 具备复制功能，而且该功能不会按照主机或者 CPU 数量来收费，从而大量使用 PC Server 进行数据负荷分担。这就可以很好地将数据从一台主机复制到另一台，不仅在局域网内可以复制，在广域网内同样可以复制，从而提高数据统计分析的效率。

（4）嵌入式系统

嵌入式系统最大的问题是硬件资源有限，因此在嵌入式系统中，使用轻量级、低消耗的软件最为合适。MySQL 在资源使用方面的伸缩性非常大，可以在资源非常充裕的环境下运行，也可以在资源非常少的环境下运行。对嵌入式系统来说，MySQL 是一款非常合适的数据库系统，而且 MySQL 有专为嵌入式系统设计的版本。

📖 任务实施

1．MySQL 安装软件上传至虚拟服务器

为了便于学习和体验，将 MySQL 安装在虚拟服务器上（系统为 Windows Server 2019），主要步骤如下。

下载或者复制数据库软件压缩包并解压缩到宿主机中，通过宿主机和虚拟服务器之间已经设置的虚拟共享文件夹，将解压缩后的安装软件上传至虚拟服务器上，如图 3-1-2 所示。

图 3-1-2 从宿主机共享文件夹中复制 MySQL 安装软件至虚拟服务器中

这里将"mysql-5.7.32-winx64"文件夹上传至虚拟服务器"C:\Program Files\MySql"目录下；也可以自行指定目录，后续操作命令的路径需要对应进行变化，如图 3-1-3 所示。

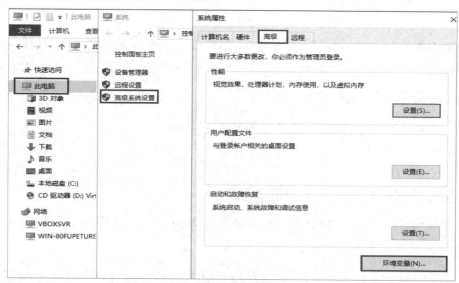

图 3-1-3 将 MySQL 安装软件上传至虚拟服务器特定目录下

2. MySQL 配置环境变量

添加一个名为"MYSQL_HOME"的环境变量，并添加相应的"Path"变量，相关操作步骤如下。

右击"此电脑"，在弹出的快捷菜单中选择"属性"命令，在"系统"界面中选择"高级系统设置"选项，在"系统属性"对话框中选择"高级"选项，单击"环境变量"按钮，如图 3-1-4 所示，弹出"环境变量"对话框。

图 3-1-4 MySQL"环境变量"对话框

单击"新建"按钮，在"变量名"文本框中输入"MYSQL_HOME"，单击"浏览目录"按钮，在弹出的"浏览文件夹"对话框中选择"mysql-5.7.32-winx64"文件夹，单击"确定"按钮，如图 3-1-5 所示。返回"新建环境变量"对话框，单击"确定"按钮，完成"MYSQL_HOME"变量的添加。

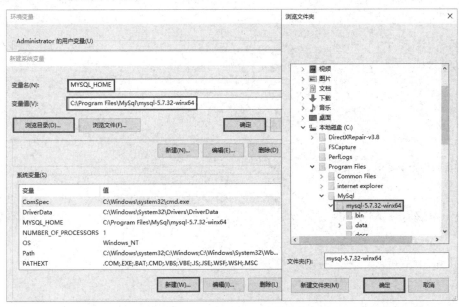

图 3-1-5 "MYSQL_HOME"变量配置

在"系统变量"列表中选择"Path"选项，单击"编辑"按钮，在弹出的"编辑环境变量"对话框中单击"新建"按钮，输入"%MYSQL_HOME%\bin"，单击"确定"按钮，如图 3-1-6 所示，完成"Path"变量的配置。

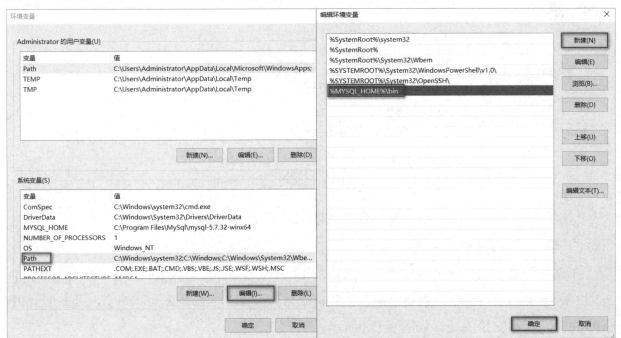

图 3-1-6 "Path"变量配置

3. MySQL 配置 "my.ini" 文件

在 "mysql-5.7.32-winx64" 目录下新建名为 "my.ini" 的文本文件，文件的内容如下。

```
[mysqld]
#端口号
port = 3306
#mysql-5.7.32-winx64
basedir=C:\Program Files\MySql\mysql-5.7.32-winx64
#mysql-5.7.32-winx64的路径+\data
datadir=C:\Program Files\MySql\mysql-5.7.32-winx64\data
#最大连接数
max_connections=200
#编码
character-set-server=utf8
default-storage-engine=INNODB
sql_mode=NO_ENGINE_SUBSTITUTION,STRICT_TRANS_TABLES
[mysql]
```

4. MySQL 安装与启动

MySQL 安装与启动的相关操作步骤如下。

① 打开 cmd.exe

在虚拟服务器上使用 "Win+R" 组合键打开 "运行" 程序，输入 "cmd"，运行 cmd.exe，如图 3-1-7 所示。

图 3-1-7　在虚拟服务器上运行 cmd.exe

② 输入安装命令

在确认已经安装 vcredist 之后，通过 "cd" 命令进入 "C:\Program Files\MySql\mysql-5.7.32-winx64\bin" 目录。输入安装命令 "mysqld -install"，出现提示 "Service successfully installed"，说明安装成功，如图 3-1-8 所示。

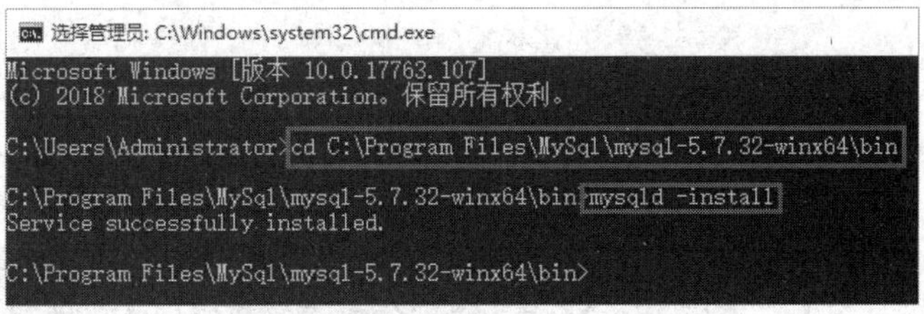

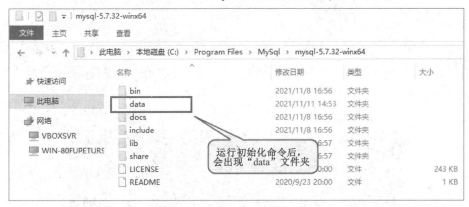

图 3-1-8　MySQL 安装命令

③ 输入初始化命令

输入初始化命令"mysqld -initialize"（若报错，则可以改为"mysqld --initialize"），此时不会有任何提示，在"\mysql-5.7.32-winx64"目录下会多一个"data"文件夹，如图 3-1-9 和图 3-1-10 所示。

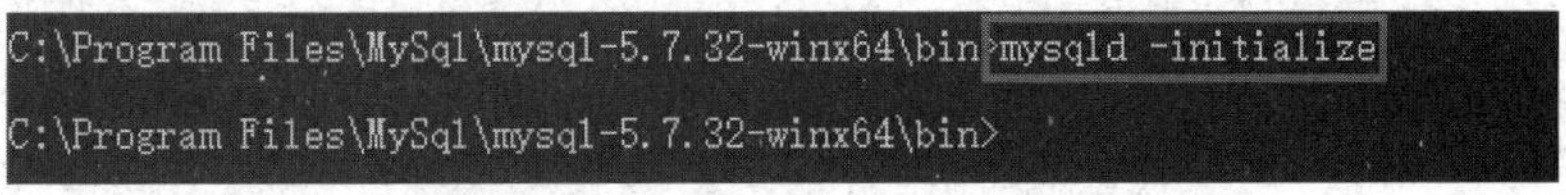

图 3-1-9　MySQL 初始化命令

图 3-1-10　MySQL 初始化后新增"data"文件夹

④ 输入启动命令

输入启动命令"net start mysql"，出现"MySQL 服务已经启动成功"提示，说明数据库可以正常使用，如图 3-1-11 所示。

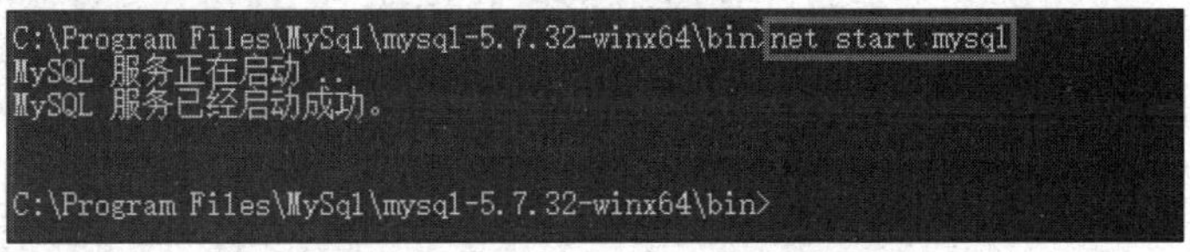

图 3-1-11　MySQL 启动命令

5. MySQL 设置登录密码

系统在安装 MySQL 时会自动给"root"账号配置随机密码。用户需要重新设置"root"账号的密码才能进行登录操作，相关操作步骤大致如下：停止服务—跳过授权表—登录数据库—修改随机密码—退出—使用"root"账号登录。假如将密码修改为"123456"，则相关操作步骤如下。

① 输入"net stop mysql"命令停止 MySQL 服务

输入"net stop mysql"命令,执行成功后提示"MySQL 服务已成功停止",如图 3-1-12 所示。

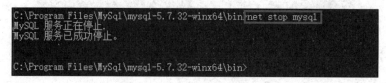

图 3-1-12　MySQL 停止命令

② 使用"mysqld --skip-grant-tables"命令跳过授权表登录

使用"mysqld --skip-grant-tables"命令之后不会有任何提示,注意在后续操作过程中要保持该命令提示符窗口不关闭,如图 3-1-13 所示。

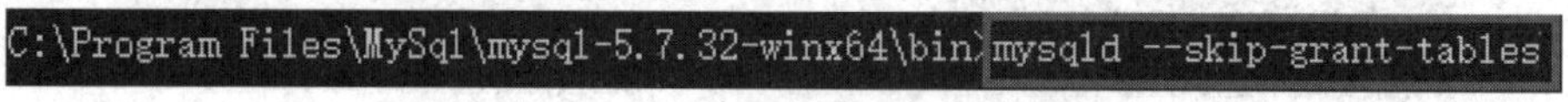

```
C:\Program Files\MySql\mysql-5.7.32-winx64\bin>mysqld --skip-grant-tables
```

图 3-1-13　MySQL 跳过授权表命令

③ 登录数据库

另外打开一个命令提示符窗口,先切换到"C:\Program Files\MySql\mysql-5.7.32-winx64\bin"目录,再使用"mysql"命令登录数据库,出现"mysql>"说明登录成功,如图 3-1-14 所示。

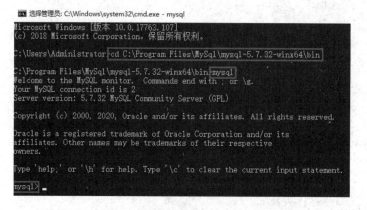

图 3-1-14　无授权登录 MySQL 数据库

④ 修改随机密码

输入"update mysql.user set authentication_string=password('123456') where user='root' and Host ='localhost';"命令,将随机密码修改为"123456",执行成功后提示"Query OK",输入"quit"命令退出,如图 3-1-15 所示。

```
mysql> update mysql.user set authentication_string=password('123456') where user='root' and Host='localhost';
Query OK, 0 rows affected, 1 warning (0.09 sec)
Rows matched: 0  Changed: 0  Warnings: 1

mysql> quit
Bye

C:\Program Files\MySql\mysql-5.7.32-winx64\bin>
```

图 3-1-15　MySQL 修改随机密码

⑤ 重新登录数据库

为验证密码修改是否成功，输入"mysql –u root –p"命令重新登录 MySQL，按提示输入密码"123456"，出现 MySQL 版本号等内容就说明成功登录数据库，如图 3-1-16 所示。

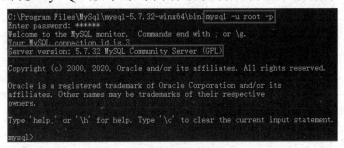

图 3-1-16 重新登录 MySQL 数据库

任务小结

本任务介绍了数据库及其分类，重点介绍了当前流行的 MySQL 数据库软件的特性及其安装和登录方法。通过在虚拟服务器上搭建 MySQL 数据库，使学生能够更加方便地将知识和实践操作相结合，从而熟练掌握数据库软件的安装方法。

本任务知识结构思维导图如图 3-1-17 所示。

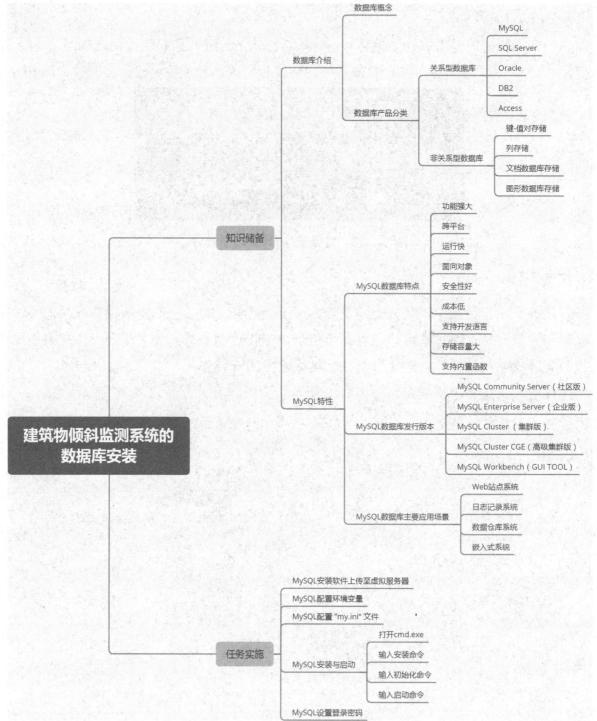

图 3-1-17　知识结构思维导图

任务 2　建筑物倾斜监测系统的数据库管理

职业能力目标

● 能根据服务器系统类型，选择 MySQL 图形化管理软件并完成安装。

● 能根据 MySQL 图形化管理软件的相关资料，完成运行服务配置。

● 能根据数据库日常运行维护的需要，完成对数据库、数据表和数据的基本操作。

⏰ 任务描述与要求

任务描述：

N 小区智慧建筑——建筑物倾斜监测系统的数据库安装完成之后，系统的其他部分，如传感器、执行器、信号传输线路、物联网网关等也相继完成了安装、部署和系统调测。很快，项目通过了初步验收，进入试运行阶段。

为了后期更加方便地对 MySQL 数据库进行管理和维护，L 公司经过和小区业主们的沟通确认，计划在服务器系统上安装数据库图形化管理工具 Navicat。项目经理继续安排 LC 工程师负责 Navicat 的安装和试运行期间数据库的日常运行、维护工作。

任务要求：

● 根据服务器系统类型，完成数据库图形化管理工具 Navicat 的安装和配置。

● 根据 SQL 的语法格式，完成数据库的创建。

● 根据 SQL 的语法格式，完成数据表的创建、查看、修改和删除。

● 根据 SQL 的语法格式，完成数据的查询、插入、更新和删除。

🖥 知识储备

3.2.1　Navicat 介绍

数据库图形化管理工具有很多种，目前主流的有 Navicat、DBeaver、phpMyAdmin、MySQL Dumper、MySQL Workbench（GUI TOOL）等。

Navicat 可以管理多种类型的数据库，包括 MySQL、Oracle、PostgreSQL、SQLite、SQL Server、MariaDB、MongoDB 等。Navicat 还可以提供对云数据库的管理，如阿里云、腾讯云。Navicat 的功能既可以满足专业开发人员的所有需求，也可以让初学者方便地进行学习。

Navicat 供客户选择的语言多达 7 种，是目前全球最受欢迎的数据库前端用户界面工具之一。Navicat 可以用于目前的主流系统平台，包括 Windows、Mac OS X 及 Linux。该软件可以连接本机或者远程服务器，并提供实用性很强的数据库工具，比如数据模型、数据传输、数据同步、结构同步、导入、导出、备份、还原、报表创建工具及计划，便于用户进行数据库管理。

3.2.2　数据库操作常见命令

数据库系统日常的运行和维护，避免不了要对数据库、数据表和具体数据进行操作。数据库运维人员必须掌握基本的操作命令，这是必备的基本技能之一。常见命令的 SQL 语法格式如下。

1. 数据库创建

在数据库系统中创建一个数据库，语法格式如表 3-2-1 所示。

表 3-2-1　数据库创建

语 法 格 式	参　　数	说　　明
create database database_name	database_name	准备创建的数据库名称

2. 数据库查看

查看当前数据库系统中存在的数据库，语法格式如表 3-2-2 所示。

表 3-2-2　数据库查看

语 法 格 式	说　　明
show databases	查询 MySQL 当前存在的所有数据库

3. 数据库选择

数据库系统中可以存在多个数据库，在对某个数据库进行具体操作之前，需要先进行数据库选择，语法格式如表 3-2-3 所示。

表 3-2-3　数据库选择

语 法 格 式	参　　数	说　　明
use database_name	database_name	待选择的数据库名称

4. 数据库删除

删除当前数据库系统中的某个数据库，语法格式如表 3-2-4 所示。

表 3-2-4　数据库删除

语 法 格 式	参　　数	说　　明
drop database database_name	database_name	待删除的数据库名称

3.2.3　数据表操作常见命令

对于关系型数据库而言，数据表是组成数据库的基本元素，每一个数据库都可以包含多张不同的数据表。数据表主要用来存储类似 Excel 表格的二维数据信息，示例如图 3-2-1 所示。

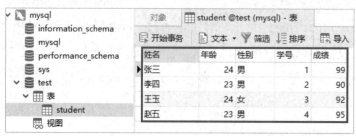

图 3-2-1　关系型数据表示例

1. 数据表创建

在某个数据库中创建一张数据表，语法格式如表 3-2-5 所示。

表 3-2-5　数据表创建

语法格式	参数	含义
create table tablename (	tablename	需要创建的数据表名称
属性名　数据类型　[完整性约束条件],	属性名	数据表字段（列）名称
属性名　数据类型　[完整性约束条件],	数据类型	所存储的数据类型
......		
属性名　数据类型　[完整性约束条件]	完整性约束条件	指定字段的某些约束条件
);		

（1）数据类型

数据库中常见的数据类型包括数值类型、字符串类型、日期时间类型这 3 类。每种类型又分别包含多种子类型。具体情况如表 3-2-6、表 3-2-7 和表 3-2-8 所示。

表 3-2-6　常见的数值类型

子类型	大小	数值范围	用途说明
TINYINT	1B	（-128，127）	小整数值
SMALLINT	2B	（-32768，32767）	大整数值
MEDIUMINT	3B	（-8388608，8388607）	大整数值
INT 或 INTEGER	4B	（-2147483648，2147483647）	大整数值
BIGINT	8B	（-9223372036854775808，9223372036854775807）	极大整数值
FLOAT	4B	（-3.402823466E+38，-1.175494351E-38），0，（1.175494351E-38，3.402823466351E+38）	单精度值
DOUBLE	8B	（-1.7976931348623157E+308，-2.2250738585072014E-308），0，（2.2250738585072014E-308，1.7976931348623157E+308）	浮点数值

表 3-2-7　常见的字符串类型

子类型	大小	用途说明
CHAR	0～255B	定长字符串
VARCHAR	0～65535B	变长字符串
TINYBLOB	0～255B	不超过 255 个字符的二进制字符串
TINYTEXT	0～255B	短文本字符串
BLOB	0～65535B	二进制形式的长文本数据
TEXT	0～65535B	长文本数据

表 3-2-8　常见的日期时间类型

子类型	大小	格式	用途说明
DATE	3B	YYYY-MM-DD	日期值
TIME	3B	HH:MM:SS	时间值或持续时间
YEAR	1B	YYYY	年份值
DATETIME	8B	YYYY-MM-DD HH:MM:SS	混合日期和时间值

（2）完整性约束条件

完整性约束条件要求用户在对数据进行操作时必须满足特定的条件。如果不满足完整性约束条件，那么数据库系统不会执行该操作命令。常见的完整性约束条件如表 3-2-9 所示。

表 3-2-9　常见的完整性约束条件

子 类 型	用 途 说 明
primary key	设置字段为该表的主键（可以唯一地标识记录）
foreign key	设置字段为该表的外键（用来建立表与表的关联关系）
not null	设置该字段不能为空
unique	设置该字段的值是唯一的
auto_increment	设置该字段的值为自动增长
default	设置该字段为默认值

2. 数据表查看

查看已创建的数据表的基本信息，查询结果包括表的字段名、字段数据类型、约束条件等，如表 3-2-10 所示。

表 3-2-10　数据表查看

语 法 格 式	参　　数	含　　义
describe table_name	table_name	待查看的数据表名称

3. 数据表修改

修改已经创建的数据表，可以修改的内容包括数据表名称、字段数据类型、字段名称，还可以增加或删除字段等，如表 3-2-11 所示。

表 3-2-11　数据表修改

语 法 格 式	参　　数	含　　义
alter table table_name rename new_table_name	table_name	待修改的数据表名称
	new_table_name	修改后的数据表名称
alter table table_name add field_name type	field_name	新增 field_name 字段
	type	新增字段的类型
alter table table_name drop name	drop name	需要删除的字段名称

4.数据表删除

删除已经创建的某张数据表，如表 3-2-12 所示。特别注意，删除表的同时会删除表中所有的数据。

表 3-2-12　数据表删除

语 法 格 式	参　　数	含　　义
drop table table_name	table_name	待删除的数据表名称

3.2.4　数据操作常见命令

针对数据库中具体数据的操作，主要有查询、插入、更新和删除。

1. 数据查询

数据查询语句在日常运行和维护中的使用频率最高，其语法也比较灵活，关键词为 select。常见数据查询语句如表 3-2-13 所示。

表 3-2-13 常见数据查询语句

语 法 格 式	参　　数	含　　义
select f1,f2... from tablename [where condition] [between A and B] [like v1] [order by field] ……	tablename	待查询的数据表名称
	f1,f2	查询的字段（列）名称，"*"代表全部字段
	where condition	条件查询
	between A and B	范围查询
	like v1	模糊查询
	order by field	排序查询

（1）去除重复数据

字段（列）的数据可能包含多个重复值，需要先去掉查询结果中的重复值，关键词为 distinct，如表 3-2-14 所示。

表 3-2-14 去除重复数据

语 法 格 式	参　　数	含　　义
select distinct f1,f2... from tablename	tablename	数据表名称
	f1,f2	字段（列）名称
	distinct	重复数据去除

（2）条件查询

在查询数据时，通常需要加入筛选条件进行更加精确的查询，关键词为 where，如表 3-2-15 所示。

表 3-2-15 条件查询

语 法 格 式	参　　数	含　　义
select f1,f2... from tablename where condition	tablename	数据表名称
	f1,f2	字段（列）名称
	condition	查询条件

（3）范围查询

查询某个区间范围内的数据，关键词为 between…and…，如表 3-2-16 所示。

表 3-2-16 范围查询

语 法 格 式	参　　数	含　　义
select f1,f2 from tablename where f1 between v1 and v2	tablename	数据表名称
	f1,f2	字段（列）名称
	v1 v2	范围条件

（4）模糊查询

模糊查询适用于不记得完整查询条件的情况，可以用于查找匹配的内容，关键词为 like，如表 3-2-17 所示。

表 3-2-17　模糊查询

语 法 格 式	参　　数	含　　义
select f1 from tablename where f1 like v1 通配符	tablename	数据表名称
	f1	字段名（列）
	v1	模糊查询条件
	-	-通配符匹配单个字符
	%	%通配符匹配任意长度字符

（5）排序查询

使用排序查询可以使查询结果按照升序或者降序排列，关键词为 order by，如表 3-2-18 所示。

表 3-2-18　排序查询

语 法 格 式	参　　数	含　　义
select f1 from tablename order by f1 [ASC|DESC]	tablename	数据表名称
	f1	字段（列）名称
	ASC	按照升序排列
	DESC	按照降序排列

（6）统计查询

统计查询是指使用统计函数进行查询，可使用的统计函数有计数 count()、求和 sum()、平均值 avg()、最大值 max()和最小值 min()，总计 5 种，如表 3-2-19 所示。

表 3-2-19　统计查询

语 法 格 式	参　　数	含　　义
select function() from tablename where	tablename	数据表名称
	function()	计数 count()、求和 sum()、平均值 avg()、最大值 max()和最小值 min()

2．数据插入

将新的数据插入数据表，关键词为 insert into，如表 3-2-20 所示。

表 3-2-20　数据插入

语 法 格 式	参　　数	含　　义
insert into tablename(字段名 1,字段名 2...) values (数据值 1,数据值 2...)	tablename	数据表名称

3．数据更新

对数据表中已有的数据进行修改，关键词为 update…set…，如表 3-2-21 所示。

表 3-2-21　数据更新

语 法 格 式	参　　数	含　　义
update tablename set f1=v1,f2=v2 where f1=v1	tablename	数据表名称
	f1,f2,...	字段（列）名称
	v1,v2,...	数据值
	where f1 =v1,f2=v2,....	条件

4．数据删除

删除数据表中的某些数据，关键词为 delete from，如表 3-2-22 所示。

表 3-2-22　数据删除

语 法 格 式	参　　数	含　　义
delete from tablename where f1=v1	tablename	数据表名称
	f1	字段（列）名称
	v1	数据值
	where f1 =v1	条件

📖 任务实施

1．Navicat 运行服务

（1）软件安装

MySQL 数据库日常的运行和维护可以有两种方式，一种方式是使用 DOS 终端登录，另一种方式是使用数据库图形化管理工具。这里使用 Navicat 数据库图形化管理工具运行和维护 MySQL 数据库。

首先需要进行 Navicat 软件的安装。由于提供的 Navicat 软件为免安装版本，因此只要直接将软件包复制到相应主机中即可完成安装。

如果要在虚拟机上运行 Navicat 软件，并访问本机的 MySQL 数据库，则只要将 Navicat 免安装版软件包复制到虚拟机上即可完成安装，如图 3-2-2 所示。

图 3-2-2　在虚拟机上安装 Navicat 软件

（2）运行服务配置

Navicat 运行服务配置的目的是连接数据库，具
体操作步骤如下。

① 新建连接

在确保 MySQL 服务已经启动之后，运行软件包
中的 Navicat.exe，打开"Navicat Premium"界面，单
击"连接"按钮，选择"MySQL"选项，如图 3-2-3
所示。

图 3-2-3　新建 Navicat 与数据库的连接

② 连接配置

在弹出的对话框中输入连接名和密码，密码采用本项目任务 1 的设置，即"123456"。
主机名或 IP 地址、端口、用户名保持默认配置。单击"连接测试"按钮，提示"连接成功"，
单击"确定"按钮，如图 3-2-4 所示，完成连接配置。

图 3-2-4　Navicat 连接配置

③ 开启连接

完成上一步骤之后，"Navicat Premium"界面左上方会出现"建筑物倾斜监测系统数据
库"图标，刚开始为灰色，选择"打开连接"命令后变为绿色，此时表示 Navicat 与数据库
的连接开启，至此运行服务配置完成，如图 3-2-5 所示。

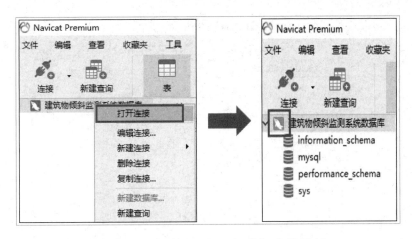

图 3-2-5　开启 Navicat 与数据库的连接

④ 开启配置终端

单击"新建查询"按钮，弹出配置终端界面，可以进行 SQL 语句的输入和运行操作，如图 3-2-6 所示。

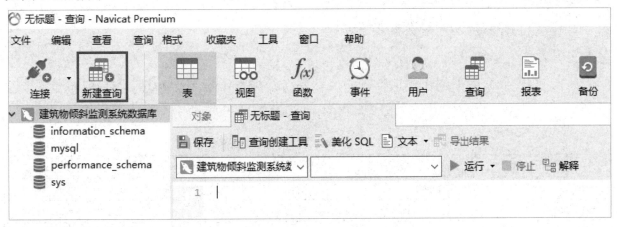

图 3-2-6　开启配置终端

2. 建筑物倾斜监测系统数据库操作

（1）数据库创建

根据任务需要，创建建筑物倾斜监测系统，其数据库名为 BTMS（Building Tilt Monitoring System）。使用 SQL 语句进行创建，命令如下。

```
create database BTMS;
```

（2）数据库查看

查看当前已经存在的数据库，确认是否包括 BTMS 数据库，命令如下。

```
show databases;
```

在 Navicat 上查看数据库创建结果，如图 3-2-7 所示。

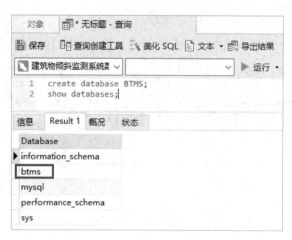

图 3-2-7　查看创建的数据库

（3）数据库使用

选择并使用 BTMS 数据库，为创建数据表做准备，命令如下。

```
use BTMS;
```

3. 建筑物倾斜监测系统数据表操作

（1）数据表结构设计

在 BTMS 数据库下创建建筑物倾斜监测系统数据表 monitor_data，表结构如表 3-2-23 所示。

表 3-2-23　monitor_data 表结构

字　段	类　型	约束条件	备　注
sensor_id	int(8)	主键，不能为空	传感器编号
sensor_name	varchar(255)	不能为空	传感器名称
sensor_floor	int(8)		传感器所在楼层
sensor_status	varchar(20)		传感器状态
x	decimal(8,4)		传感器 x 轴偏移量
y	decimal(8,4)		传感器 y 轴偏移量
datetime	datetime(6)		日期时间

（2）数据表创建

使用 SQL 语句在 BTMS 数据库下创建数据表 monitor_data，命令如下。

```
CREATE TABLE `monitor_data` (
  `sensor_id` int(8) NOT NULL,
  `sensor_name` varchar(255) CHARACTER SET utf8 COLLATE utf8_general_ci NOT NULL,
  `sensor_floor` int(8) DEFAULT NULL,
  `sensor_status` varchar(20) CHARACTER SET utf8 COLLATE utf8_general_ci DEFAULT
NULL,
  `x` decimal(8, 4) DEFAULT NULL,
  `y` decimal(8, 4) DEFAULT NULL,
```

```
    `datetime` datetime(6) DEFAULT NULL,
  PRIMARY KEY (`sensor_id`) USING BTREE
)
```

（3）数据表查看

使用 SQL 语句查看数据表 monitor_data 是否创建正确，命令如下。

```
describe monitor_data;
```

在 Navicat 上查看运行结果，如图 3-2-8 所示。

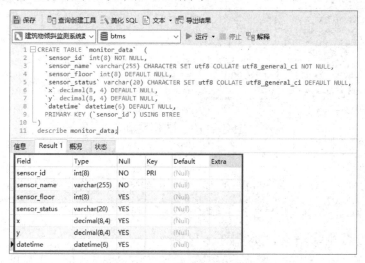

图 3-2-8　查看创建的数据表

4．建筑物倾斜监测系统数据操作

（1）数据插入

使用 SQL 语句为数据表 monitor_data 添加一行数据，该行数据是传感器编号（sensor_id）为 1 的传感器的一条数据记录，命令如下。

```
insert into `monitor_data`(`sensor_id`, `sensor_name`, `sensor_floor`, `sensor_
status`, `x`, `y`, `datetime`) VALUES (1, 'tilt_sensor_A', 15, 'normal', 0.1100,
0.1700, '2021-11-19 14:11:29');
```

（2）数据查询

使用 SQL 语句查询上一步插入的 sensor_id 为 1 的传感器数据记录，命令如下。

```
select * from `monitor_data` where `sensor_id`=1;
```

在 Navicat 上查看运行结果，与插入的数据一致，说明插入成功，如图 3-2-9 所示。

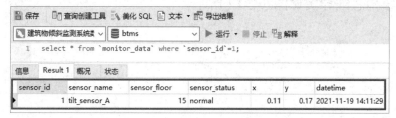

图 3-2-9　数据查询

（3）数据更新

使用 SQL 语句修改数据，将 sensor_id 为 1 的传感器所在的楼层从 15 改为 16，命令如下。

```
update `monitor_data` set `sensor_floor`=16 where `sensor_id`=1;
```

在 Navicat 上查看修改结果，如图 3-2-10 所示。

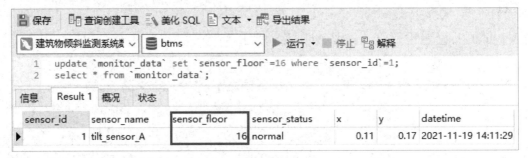

图 3-2-10　数据更新

（4）数据删除

使用 SQL 语句删除数据，将 sensor_id 为 1 的传感器数据记录删除，命令如下。

```
delete from `monitor_data` where `sensor_id`=1;
```

在 Navicat 上查看删除结果，如图 3-2-11 所示。

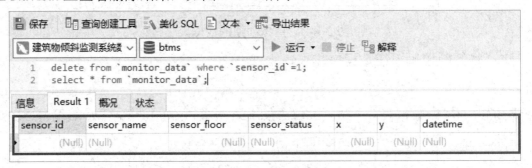

图 3-2-11　数据删除

🎓 任务小结

本任务介绍了 Navicat 的安装和运行服务配置，以及数据库系统中的数据库、数据表和具体数据的常见操作命令。通过讲解建筑物倾斜监测系统的数据库、数据表以及具体数据的操作，使学生能够从实践中理解常见 SQL 语句的使用方法。

本任务知识结构思维导图如图 3-2-12 所示。

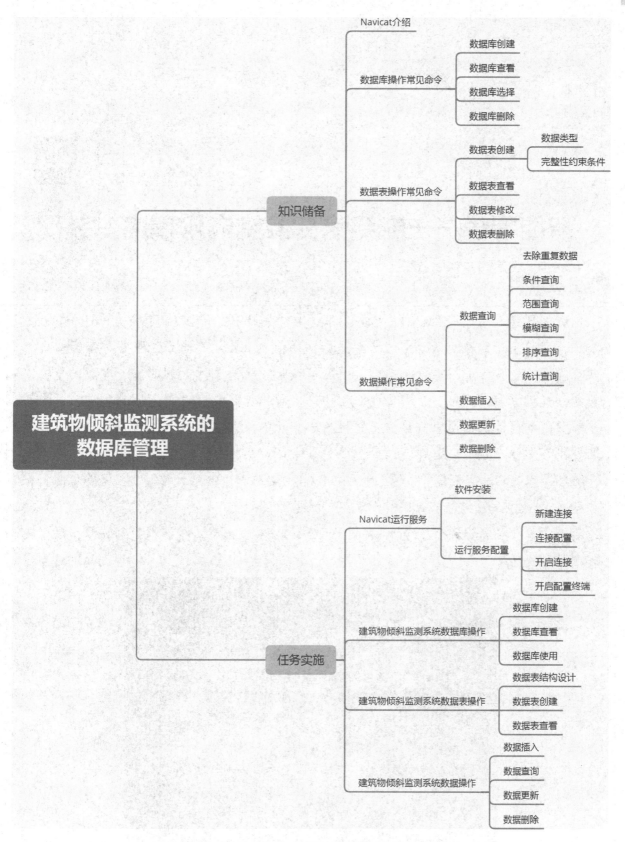

图 3-2-12　知识结构思维导图

项目 4

智能零售——商品售货系统应用程序安装配置

🖊 引导案例

　　智能零售是指运用互联网技术和物联网技术，感知消费者的消费习惯、预测消费趋势、引导生产制造，从而为消费者提供多样化、个性化的产品和服务。智能零售的实现需要线上与线下相融合。当前，中国零售业经历了 3 次大的变革，前两次是实体零售和虚拟零售，而第三次零售变革由中国主导，就是我们正在经历的虚实融合的智能零售。智能零售之所以被称为引领世界零售业的第三次变革，是因为其不仅实现了新技术和实体产业的完美融合，更体现了全球企业开放共享的生态模式。

　　智能零售——商品售货系统（见图 4-1-1）主要分为电脑端和移动端。电脑端的工作包括在 Windows 系统上部署资产管理系统数据库，用于实现人员管理与资产管理；移动端的工作包括在 Android 系统上商品售货系统的安装、配置、重装与数据还原，用于实现商品售货的管理。

图 4-1-1　智能零售——商品售货系统

任务 1 基于 Windows 的资产管理系统应用程序安装、配置及卸载

☄ 职业能力目标

- 能根据应用程序的特性，结合 Windows 操作系统环境，正确完成 Windows 应用程序的安装。
- 能根据客户需求，结合软/硬件环境要求，正确完成 Windows 应用程序的配置。
- 能根据 Windows 操作系统操作规范，正确完成 Windows 应用程序的卸载。

⏰ 任务描述与要求

任务描述：

N 公司经营了多家连锁便利商店，长期进行商品零售，现希望由主营物联网产品和技术服务的 L 公司在其服务器上搭建智能零售——商品售货系统。N 公司服务器为 Windows Server 2019 操作系统，希望通过该系统同时实现员工管理和资产管理。

根据 N 公司的需求，L 公司决定采用具备员工管理和资产管理两项功能的资产管理系统作为 N 公司的智能零售——商品售货系统，并指派工程师 LD 为其部署资产管理系统数据库及安装资产管理系统。

任务要求：

- 根据 N 公司的需求，在 Windows Server 2019 操作系统中成功部署资产管理系统数据库。
- 在 Windows Server 2019 操作系统中完成资产管理系统电脑端软件的安装。
- 使用资产管理系统，实现员工管理和资产管理。

🖥 知识储备

4.1.1 Windows 应用程序介绍

1. Windows 应用程序工作原理

（1）概念

Windows 应用程序是由软件公司或个人开发的、运行在 Windows 操作系统上的应用程序，能够满足用户对计算机各种扩展功能的需求，其实质是一系列关联指令的集合。它可以通过所接收的用户需求、响应，完成对计算机硬件的管理与控制。

Windows 应用程序采用间接方式控制计算机硬件。其调用指令集成在 Windows 系统驱动程序中，而驱动程序可以直接控制计算机硬件。因此，Windows 应用程序的关注重点在

于用户的功能需求，而非计算机硬件的管理和控制。

（2）消息机制

计算机通常使用面向个人的 Windows 操作系统，单用户同时运行多任务是 Windows 操作系统的常态，因而必然有多个应用程序共享计算机硬件。为了将资源合理分配给多用户，Windows 应用程序采用基于消息队列的消息机制，如图 4-1-2 所示。操作系统对用户通过输入设备执行的事件不做任何反应，而是将其上传至应用程序，由应用程序决定对该事件做出的反应。而只有在需要处理消息的时候，应用程序才会运行应用程序接口，即调用 API，进而控制计算机硬件。其余时候，计算机硬件保持空闲状态，从而为其他应用程序提供服务。

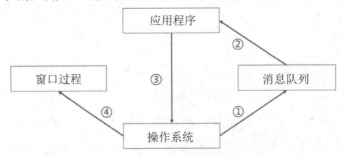

图 4-1-2　Windows 应用程序的消息机制

（3）运行机制

Windows 应用程序在运行的时候有其相应的运行机制，如图 4-1-3 所示。首先，为 Windows 应用程序创建一个主程序入口；然后，程序停在消息循环中，当某一事件发生并被 Windows 操作系统感知时，该事件被包装成一个消息，并进入应用程序的消息队列；最后，Windows 应用程序在消息队列中获取并响应相应消息。

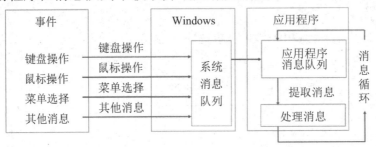

图 4-1-3　Windows 应用程序的运行机制

2．Windows 应用程序分类

Windows 应用程序基于不同的分类方式可以分成不同的类型。根据应用程序的功能和用户需求，Windows 应用程序的主要类型如下。

- 音频、视频：用于呈现、创建或处理音频、视频等多媒体信息的应用程序，如 Windows Media Player、暴风影音、酷狗音乐等。

- 开发：用于实现开发的应用程序，可以为开发人员提供相应的开发环境和软件生命周期中所需要的工具，如 Microsoft Visual Studio、NetBeans、Eclipse 等。

- 教育：为教育服务的应用程序，还可根据家用、校用、远程等不同应用范围进行更细的划分。
- 游戏：用于在 Windows 操作系统中提供娱乐服务的应用程序。
- 图形：用于查看、创建或处理图形的应用程序，如 Microsoft Office Visio、mspaint、Photoshop 等。
- 办公：用于实现文字处理、表格制作、幻灯片制作、图形图像处理、简单数据库处理等方面工作的办公类应用程序，如 Microsoft Office、WPS 等。
- 科学：基于各领域知识开发的应用程序，可与用户进行更直观、便捷的交互，有助于科学研究者、学生与爱好者进行科学知识的研究、学习和数据处理，甚至知识共享。
- 设置：用于对 Windows 操作系统进行设置的应用程序，通常出现在单独的菜单和控制面板中。
- 系统：系统应用程序，通常称为"系统工具"，如日志查看器、网络监视器等。
- 实用：实用程序，即提供给用户进行具有某些特定功能的应用程序，如附件等。

4.1.2　Windows 应用程序的安装

应用程序运行在用户模式下，一般通过可视化的界面实现与用户的交互。在 Windows 操作系统上使用应用程序的功能之前，需要通过安装包进行应用程序的安装。

1．安装包下载

安装包（Install Pack）是可自行解压缩文件的集合，包括安装应用程序的所有软件，是一种可执行文件，通常为 exe 格式。在运行安装包时，可将应用程序的所有文件保存到硬盘上，实现注册表的修改、系统设置的修改、快捷方式的创建等操作。

应用程序安装包可通过以下两种方式获取。

- 通过网络资源下载，如官网、Windows 应用商店、第三方软件管理工具等。
- 将其他存储设备中已存在的安装包复制到本地计算机中。

2．应用程序安装

（1）运行安装包

按上述方式将应用程序的安装包获取到本地，在相应路径下找到安装包文件，并双击打开即可进入安装向导。

根据安装向导的提示，逐步执行安装过程中的设置项，直至提示安装成功。

在一般的安装过程中，安装向导会提示用户选择默认安装或自定义安装方式，默认安装方式是指根据安装程序中设置好的默认选项进行安装，自定义安装方式要求用户自行选择安装路径等选项进行安装。其中，默认安装路径通常设置为系统盘的"Program Files"或"Program Files (x86)"文件夹；为了节省系统盘的存储空间，自定义安装路径通常设置为非系统盘的文件夹。

（2）添加/删除程序

对于 Windows XP 及更早版本的操作系统，除了双击打开安装包文件，还可通过控制面板中的"添加/删除程序"进行应用程序的安装。

3．免安装程序

上述安装方法适用于常见的安装版的应用程序。另外还有一种不需要安装的应用程序，通过解压缩或导入注册表即可运行，因此称为免安装程序，通常是压缩包的形式。

对安装版的应用程序来说，通过执行安装包即可实现应用程序的安装，操作简单，无须手动配置系统信息，但会生成相应的注册表以及其他配置文件，而且安装完成的应用程序通常不允许进行迁移；若注册表丢失，则该应用程序无法正常使用。

对免安装版的应用程序来说，一般只需解压缩即可直接使用，因此大部分免安装程序允许直接迁移，但是部分免安装程序需要手动配置系统信息；如果配置过程复杂，那么对普通用户来说是不方便且要求较高的。

4.1.3　Windows 应用程序的配置

Windows 应用程序在正式使用之前需要进行一些基本的配置操作。一部分应用程序的配置操作会在安装过程中同步执行，此时只需直接运行该应用程序即可对其进行使用；另一部分应用程序的配置操作需要在安装完成之后另外执行，通常需要通过修改程序的配置文件实现。

1．配置文件

配置文件是一种对不同对象进行不同配置的文件，通常以 INI、DAT、Config 等格式存在。通过修改配置文件，可以实现对一些应用程序参数和初始设置的修改。

在早期的 Windows 操作系统中，许多应用程序都有一个扩展名为".ini"或".dat"之类的文件，这种文件可以用来实现定制化程序或者对该应用程序进行扩展描述。在 Microsoft 公司公布.NET 框架之后，每个 exe 可执行文件在.NET 框架下都匹配了一个 Config 文件，文件名为在可执行文件名后面添加其扩展名".config"。

2．系统基本设置

在应用程序的菜单中，通常有一个带有"设置"名称的菜单项。进入设置界面，可对应用程序进行一些基本的设置，如显示设置、安全设置、语言设置、保存路径设置、系统设置等。不同的应用程序有不同的设置选项，用户可根据自身需求修改设置内容，以获得在应用程序使用过程中更好的体验。

4.1.4　Windows 应用程序的卸载

Windows 应用程序的卸载主要有直接卸载、使用第三方卸载软件及使用专用卸载工具3 种方法。

1．直接卸载

在程序菜单中直接卸载是最常用的卸载 Windows 应用程序的方法。

在打开"控制面板"界面之后，进入"程序和功能"界面，在"卸载或更改程序"界面中显示了当前系统安装的所有程序。找到需要删除的应用程序，右击该应用程序，在弹出的快捷菜单中选择"卸载"命令，此时出现卸载进度条，等待卸载完成即可。如果在"卸载或更改程序"界面中找不到该应用程序，则说明卸载成功。

如果需要删除应用程序所带的注册表，则需要在"运行"程序中输入"regedit"，打开"注册表编辑器"界面，找到相应应用程序的键–值项并进行删除。

2．第三方卸载软件

在卸载 Windows 应用程序时，可能由于存在大量注册表而难以卸载干净。通过使用第三方卸载软件进行卸载，除了卸载应用程序本身，以及删除应用程序使用中生成的数据，还能删除该应用程序所带的注册表，从而实现更彻底的卸载。

3．专用卸载工具

部分应用程序需要通过其特定的卸载软件进行卸载，否则在下一次安装的时候会报错。在这种情况下，使用 Windows 操作系统自带的程序卸载功能或第三方卸载软件进行卸载都是不彻底的，只有找到该应用程序卸载所需的软件才能成功完成卸载。例如，要卸载 SQL Server 故障转移群集，则需使用其安装程序提供的删除节点功能分别删除每个节点。

📖 任务实施

1．资产管理系统数据库部署

为了实现资产管理系统的数据管理等任务，需要在已安装数据库的 Window Server 2019 系统上部署资产管理系统数据库，首先需要启动 MySQL 服务并运行数据库脚本，主要操作步骤如下。

（1）启动 MySQL 服务

在命令提示符窗口中使用"net start mysql"命令启动 MySQL 服务，操作步骤详见项目 3 任务 1。

（2）Navicat 运行服务配置

使用 Navicat 运行服务配置，通过 Navicat 连接资产管理系统数据库。

在 Navicat 上新建一个名为"资产管理系统数据库"的 MySQL 连接，设置"主机名或 IP 地址"为"localhost"，"端口"为"3306"，用户名和密码与数据库安装过程中设置的一致（用户名为 root，密码为 123456），开启连接，如图 4-1-4 所示。

图 4-1-4　使用 Navicat 连接资产管理系统数据库

（3）运行数据库脚本

打开终端界面，在终端界面中输入 SQL 语句并运行，实现资产管理系统数据库的创建、数据表的创建、数据的插入与更新，具体操作步骤如下。

① 导入并运行资产管理系统数据库的脚本文件

右击"资产管理系统数据库"，在弹出的快捷菜单中选择"运行 SQL 文件"命令，在弹出的对话框中的"文件"列表中选择 "nleassetmanage.sql"文件，单击"开始"按钮进行资产管理数据库脚本文件的导入。

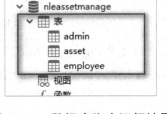

图 4-1-5　数据库脚本运行结果

在脚本文件导入成功之后，在 Navicat 中可查看在资产管理系统数据库（nleassetmanage）中创建的 3 张数据表，分别是 admin、asset、employee，如图 4-1-5 所示。单击数据表即可查看表中数据。

② 管理员（admin）

在数据库脚本中创建一个名为"admin"的数据表，并新增一个管理员，脚本如图 4-1-6所示。

```
23   -- ------------------------------
24   -- Table structure for admin
25   -- ------------------------------
26   DROP TABLE IF EXISTS `admin`;
27   CREATE TABLE `admin` (
28     `id` bigint(50) NOT NULL,
29     `admincode` varchar(20) CHARACTER SET utf8 COLLATE utf8_general_ci NOT NULL,
30     `adminname` varchar(50) CHARACTER SET utf8 COLLATE utf8_general_ci NOT NULL,
31     `password` varchar(20) CHARACTER SET utf8 COLLATE utf8_general_ci NOT NULL,
32     `lastloginip` varchar(20) CHARACTER SET utf8 COLLATE utf8_general_ci DEFAULT NULL,
33     `lastlogintime` datetime(0) DEFAULT NULL,
34     `createtime` datetime(0) DEFAULT NULL,
35     PRIMARY KEY (`id`) USING BTREE
36   ) ENGINE = InnoDB CHARACTER SET = utf8 COLLATE = utf8_general_ci ROW_FORMAT = Dynamic;
37
38   -- ------------------------------
39   -- Records of admin
40   -- ------------------------------
41   INSERT INTO `admin` VALUES (1, 'admincode', 'admin', '1', '192.168.67.21', '2019-12-10 11:03:35', '2019-12-20 10:55:11');
42
```

图 4-1-6　资产管理系统数据库脚本 1

在运行上述脚本之后，可在数据表 admin 中查看一条记录，即资产管理系统的管理员账户，用户名为 admin，密码为 1，如图 4-1-7 所示。

图 4-1-7　资产管理系统数据库脚本运行结果 1

③ 资产（asset）

在数据库脚本中创建一个名为"asset"的数据表，用于记录资产数据，脚本如图 4-1-8 所示。

```
43   -- ----------------------------
44   -- Table structure for asset
45   -- ----------------------------
46   DROP TABLE IF EXISTS `asset`;
47   CREATE TABLE `asset`  (
48     `id` bigint(50) NOT NULL AUTO_INCREMENT,
49     `assetname` varchar(50) CHARACTER SET utf8 COLLATE utf8_general_ci NOT NULL,
50     `assetno` varchar(50) CHARACTER SET utf8 COLLATE utf8_general_ci DEFAULT NULL,
51     `assetvalue` decimal(20, 2) NOT NULL,
52     `stocktime` datetime(0) DEFAULT NULL,
53     `employeeid` bigint(50) NOT NULL,
54     `attributetime` datetime(6) DEFAULT NULL,
55     `createtime` datetime(0) DEFAULT NULL,
56     `imgpath` varchar(500) CHARACTER SET utf8 COLLATE utf8_general_ci DEFAULT NULL,
57     `qrcodepath` varchar(500) CHARACTER SET utf8 COLLATE utf8_general_ci DEFAULT NULL,
58     `assetdesc` varchar(500) CHARACTER SET utf8 COLLATE utf8_general_ci DEFAULT NULL,
59     PRIMARY KEY (`id`) USING BTREE
60   ) ENGINE = InnoDB AUTO_INCREMENT = 161278744565762 CHARACTER SET = utf8 COLLATE = utf8_general_ci ROW_FORMAT = Dynamic;
```

图 4-1-8　资产管理系统数据库脚本 2

在运行上述脚本之后，可在数据表 asset 中查看资产属性，包括资产名称（assetname）、资产编号（assetno）、资产价值（assetvalue）、所属员工（employeeid）、图片（imgpath）等，如图 4-1-9 所示。

图 4-1-9　资产管理系统数据库脚本运行结果 2

④ 员工（employee）

在数据库脚本中创建一个名为"employee"的数据表，脚本如图 4-1-10 所示。

```
62   -- ----------------------------
63   -- Table structure for employee
64   -- ----------------------------
65   DROP TABLE IF EXISTS `employee`;
66   CREATE TABLE `employee`  (
67     `id` bigint(50) NOT NULL,
68     `employeename` varchar(20) CHARACTER SET utf8 COLLATE utf8_general_ci NOT NULL,
69     `cardno` varchar(50) CHARACTER SET utf8 COLLATE utf8_general_ci NOT NULL,
70     `account` varchar(50) CHARACTER SET utf8 COLLATE utf8_general_ci NOT NULL,
71     `password` varchar(20) CHARACTER SET utf8 COLLATE utf8_general_ci NOT NULL,
72     `hiredate` datetime(0) DEFAULT NULL,
73     `mobile` varchar(20) CHARACTER SET utf8 COLLATE utf8_general_ci DEFAULT NULL,
74     `photo` varchar(100) CHARACTER SET utf8 COLLATE utf8_general_ci DEFAULT NULL,
75     `createtime` datetime(0) DEFAULT NULL,
76     PRIMARY KEY (`id`) USING BTREE
77   ) ENGINE = InnoDB CHARACTER SET = utf8 COLLATE = utf8_general_ci ROW_FORMAT = Dynamic;
```

图 4-1-10　资产管理系统数据库脚本 3

在运行上述脚本之后，可在数据表 employee 中查看员工资产记录，包括员工姓名（employeename）、员工卡号（cardno）、员工账号（account）、预留密码（password）、入职时间（hiredate）、联系方式（mobile）、头像（photo）等，如图 4-1-11 所示。至此，资产管理系统数据库部署完成。

图 4-1-11　资产管理系统数据库脚本运行结果 3

2. 资产管理系统应用程序的安装与配置

在 Windows Server 2019 操作系统中安装资产管理系统 PC 端软件，主要操作步骤如下。

（1）安装资产管理系统

图 4-1-12　安装资产管理系统

在提供的软件安装包中找到资产管理系统的安装应用程序，双击程序图标，根据安装向导的默认选项进行安装。在安装完成之后，桌面上出现资产管理系统的图标则说明安装成功，如图 4-1-12 所示。

（2）配置权限

在资产管理系统安装完成之后，应对其进行相应的权限配置，具体操作步骤如下。

① 编辑配置文件的安全属性

找到安装路径下资产管理系统的配置文件"NLE.AssetManagement.Manage. exe.config"，默认存放在"C:\Program Files (x86)\...\资产管理系统"路径下。在找到配置文件之后，右击该文件，在弹出的快捷菜单中选择"属性"命令，在弹出的对话框中选择"安全"选项，打开"安全"选项卡，单击"编辑"按钮即可进行权限配置，如图 4-1-13 所示。

图 4-1-13　编辑配置文件的安全属性

② 添加组或用户名为"Everyone"的对象

在弹出的配置文件的权限配置对话框中，单击"添加"按钮，在弹出的"选择用户或组"对话框中输入对象名称"Everyone"，单击"检查名称"按钮，单击"确定"按钮，如图 4-1-14 所示。

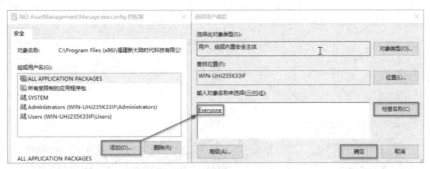

图 4-1-14　添加组或用户名为"Everyone"的对象

③ 修改 Everyone 的权限

在"Everyone 的权限"列表中勾选"完全控制"的"允许"复选框，单击"确定"按钮，可看到 Everyone 允许的权限有完全控制、修改、读取和执行、读取、写入，单击"确定"按钮，如图 4-1-15 所示。

图 4-1-15　修改 Everyone 的权限

（3）配置数据库登录

为了资产管理系统能够成功访问数据库，需进行数据库登录配置。使用记事本打开配置文件"NLE.AssetManagement.Manage.exe.config"，修改配置文件中"<connectionStrings>"下面的"password"，修改密码为数据库连接密码，即"123456"，如图 4-1-16 所示。

图 4-1-16　资产管理系统数据库登录配置

3. 资产管理系统的使用

资产管理系统支持通过桌面超高频读写器（UHF 桌面发卡器）、高频读写器识别电子标签、RFID 卡分别实现资产管理和员工管理。在 Windows Server 2019 操作系统中使用资产管理系统 PC 端软件，主要操作步骤如下。

（1）桌面超高频读写器端口识别与设置

将桌面超高频读写器通过数据线连接到计算机的 USB 端口上，在运行 Windows Server 2019 的虚拟机界面中，单击"设备"按钮，选择"USB"命令，选择识别到的相应的 USB 端口，如图 4-1-17 所示。

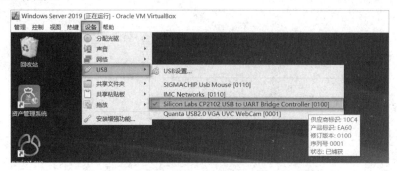

图 4-1-17　桌面超高频读写器端口识别

进入设备管理器，可查看识别的端口号，如 COM3。

运行"资产管理系统"软件，单击右上角的下拉菜单按钮，打开"系统设置"对话框，设置桌面超高频读卡器的端口，应与设备管理器中查看的端口一致，如图 4-1-18 所示。

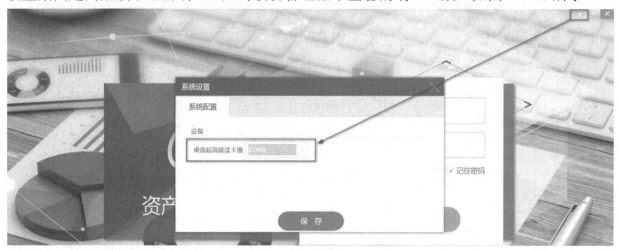

图 4-1-18　桌面超高频读写器端口设置

（2）管理员登录

使用数据库中已有的管理员账号"admin"与密码"1"成功登录资产管理系统，并通过菜单栏的切换分别实现员工管理和资产管理，如图 4-1-19 所示。

图 4-1-19　资产管理系统管理员登录

（3）员工管理

资产管理系统的员工管理包含新增员工、删除员工、查询员工资产、编辑员工信息等操作。员工信息存储在 RFID 卡上，员工与 RFID 卡是一一对应的关系。通过高频读写器可实现 RFID 卡中数据的查询与编辑，从而实现对相应员工的管理，具体操作步骤如下。

① 高频读写器端口识别与设置

将高频读写器连接到计算机的 USB 端口上，并在运行 Windows Server 2019 的虚拟机界面中，单击"设备"按钮，选择"USB"命令，选择识别到的相应的 USB 端口，如图 4-1-20 所示。

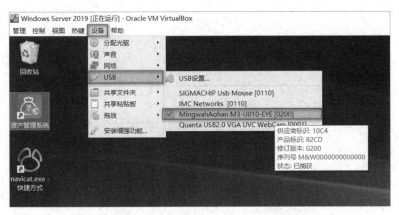

图 4-1-20　高频读写器端口识别

② 新增员工

进入"员工管理"界面，新增一名员工 NA。单击"新增员工"按钮，在弹出的"新增员工"对话框中，将 RFID 卡放置在高频读写器的刷卡区域中，单击"读取卡号"按钮，在"员工卡号"文本框中会显示当前 RFID 卡的编号；填写新增员工姓名、员工账号、预留密码等信息，上传员工头像，并单击"保存"按钮，如图 4-1-21 所示。

用相同的方法新增另一名员工 NB。

在新增员工完成之后，在"员工管理"界面中可看到当前资产管理系统中的所有员工，如图 4-1-22 所示。

图 4-1-21 新增员工

图 4-1-22 员工列表

③ 查询员工资产列表、编辑员工信息、删除员工

在"员工管理"界面中，除了新增员工，还可实现如下功能。

● 查询员工资产：单击员工信息右上角的"⊟⃝"图标，或单击界面左上角的"刷卡查询"按钮，同时将 RFID 卡放置在高频读写器的刷卡区域中。

● 编辑员工信息：单击员工信息右上角的"✐"图标。

● 删除员工：单击员工信息右上角的"🗑"图标，或勾选需删除的员工并单击界面右上角的"批量删除"按钮。

（4）资产管理

资产管理系统的资产管理包含新增资产、删除资产、查询资产信息、编辑资产信息等操作。资产信息存储在电子标签上，资产与电子标签是一一对应的关系。通过桌面超高频读写器可实现电子标签中数据的查询与编辑，从而实现对相应资产的管理，具体操作步骤如下。

① 桌面超高频读写器端口识别与设置

确认在管理员登录界面中已完成桌面超高频读写器端口的识别与配置。

② 新增资产

进入"资产管理"界面，单击"新增资产"按钮，在弹出的"新增资产"对话框中，将电子标签靠近桌面超高频读写器的感应区域,在"资产编号(UHF)"文本框中会自动显示当前电子标签的编号,即资产编号;填写新增资产名称、资产价值、所属员工等信息,上传资产图片,并单击"保存"按钮,其归属于员工 NA,如图 4-1-23 所示。

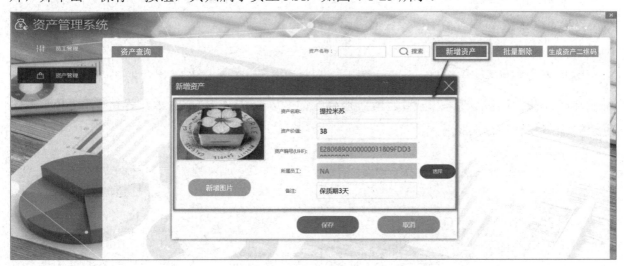

图 4-1-23　新增资产

用相同的方法新增另一个资产"免洗洗手液",将其归属于员工 NB。

在新增资产完成之后,在"资产管理"界面中可看到当前资产管理系统中的所有资产,如图 4-1-24 所示。

图 4-1-24　资产列表

③ 查询、编辑资产信息,删除资产,生成资产二维码

在"资产管理"界面中,除了新增资产,还可实现如下功能。

● 资产查询:单击界面左上角的"资产查询"按钮,并将电子标签靠近桌面超高频读写器的感应区域,可查询当前资产的详细信息。

● 编辑资产信息:单击资产信息左下角的"📝"图标。

● 删除资产:单击资产信息左下角的"🗑"图标,或勾选需删除的资产并单击界面右上角的"批量删除"按钮。

● 生成资产二维码:勾选相应资产并单击界面右上角的"生成资产二维码"按钮即可。使用二维码扫描枪可对生成的二维码进行识别。

4. 资产管理系统的卸载

如果需要卸载资产管理系统应用程序，则只需在"程序和功能"界面中进行卸载即可。如果还需要删除其数据，则将其安装文件删除即可。在 Windows Server 2019 操作系统中删除资产管理系统 PC 端软件，主要操作步骤如下。

（1）卸载程序

按照"控制面板"→"程序"→"程序和功能"的路径，找到并右击"资产管理系统"应用程序，在弹出的快捷菜单中选择"卸载"命令，如图 4-1-25 所示，等待 Windows 操作系统的卸载操作完成即可。

图 4-1-25　资产管理系统程序卸载

（2）删除数据

根据安装文件的保存路径，找到并右击资产管理系统的安装文件，在弹出的快捷菜单中选择"删除"命令，如图 4-1-26 所示，或者在选中文件夹之后按"Delete"键进行删除。打开资产管理系统的默认安装路径，删除"资产管理系统"文件夹即可。

图 4-1-26　资产管理系统数据删除

🎋 任务小结

本任务介绍了 Windows 应用程序及其安装、配置与卸载的相关知识与方法。通过在虚拟服务器上部署资产管理系统的数据库，以及安装与配置资产管理系统应用程序，讲解了如何卸载资产管理系统应用程序的方法，使学生能够更加方便地将知识和实践相结合，从而熟练掌握 Windows 应用程序的安装、配置及卸载。

本任务知识结构思维导图如图 4-1-27 所示。

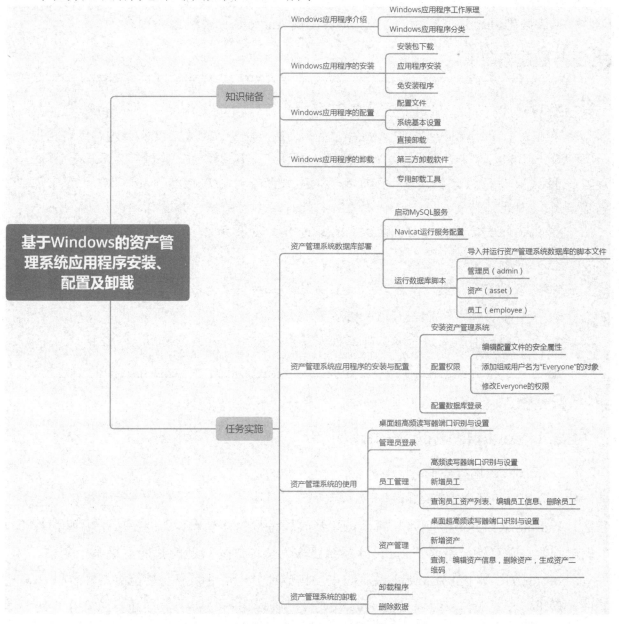

图 4-1-27　知识结构思维导图

任务 2　基于 Android 的商品售货系统应用程序安装、配置及卸载

✦ 职业能力目标

● 能根据应用程序的特性，结合 Android 系统环境，正确完成 Android 应用程序的安装。

● 能根据客户需求，结合软件环境要求，正确完成 Android 应用程序的配置。

● 能根据 Android 系统操作规范，正确完成 Android 应用程序的卸载。

⏰ 任务描述与要求

任务描述：

在完成基于 Windows 操作系统的智能零售系统的安装部署后，N 公司希望实现基于 Android 系统的移动端的智能零售系统的部署，并通过该系统实现商品售货管理。

根据 N 公司的需求，负责该项目的 LD 工程师决定使用 Android 系统的商品售货系统。因此，需要在 Android 系统上安装商品售货系统，并进行相应配置。另外，该系统卸载后如需重新安装，则可通过数据还原实现。

任务要求：

● 根据 N 公司的需求，在 Android 系统上成功安装商品售货系统。

● 在商品售货系统中完成商品售货管理的配置。

● 在 Android 系统上成功实现商品售货系统数据的还原。

🖥 知识储备

4.2.1　Android 应用程序的介绍

1. Android 应用程序简介

"Android" 一词原本指 "机器人"，后来衍生为基于 Linux 平台的开源手机操作系统的名称。Android 系统是为移动终端打造的、开放和完整的移动软件，广泛应用于智能手机和平板电脑等移动终端。目前，Android 系统已成为全球最受欢迎的智能手机平台之一。

Android 应用程序是 Android 系统的主要构成部分，满足用户对智能终端多样性和多功能性的需求。开发人员将编译后的 Java 代码及其他应用程序所需数据和资源文件一起编译到一个扩展名为 ".apk" 的文件中，供用户下载并安装到 Android 系统的终端设备中。单一的 ".apk" 文件中的所有代码都被认为是一个应用程序。

Android 应用框架由活动（Activity）、服务（Service）、广播接收器（Broadcast Receiver）和内容提供器（Content Provider）4 种类型的组件构成，并由第 5 种组件——意图（Intent）

联系前 4 种组件。

2．Android 应用程序分类

根据功能及应用场景，应用程序可分为如下类型。

- 实用工具：为用户提供某些特定实用的功能，如浏览器、输入法、天气、Wi-Fi 等。
- 社交通信：满足用户在移动终端上实现社交的需求，如电话短信、聊天交友、表情头像、社区等。
- 教育学习：满足用户能够随时随地学习各种知识技能的需求，还可根据不同学习需求进行细分，如语言学习、词典翻译、职业培训、驾考等。
- 交通出行：为方便用户出行提供各种功能，如地图导航、购买火车票、打车租车、处理交通违章、订购机票酒店、周边游等。
- 音乐视频：满足用户录制或播放视频格式文件的需求，如播放器、直播、在线视频等。
- 系统优化：解决移动终端中的各类系统问题，如手机安全、省电、垃圾清理、文件管理等。
- 便捷生活：为用户生活提供便利，如美食外卖、买房租房、求职招聘等。
- 网上购物：满足用户足不出户购物的需求，如商城、快递、二手买卖等。
- 办公软件：满足用户在移动终端上实现文字处理、邮件收发等办公操作的需求，如邮箱、文档、存储、笔记等。

Android 应用程序的功能十分强大，且种类丰富，除了上述类型应用程序，还有金融理财、医疗健康、生活娱乐、拍摄美化、资讯阅读等类型，可以满足用户日常生活、工作、学习、娱乐的基本需求。

3．Android 系统服务与权限

（1）服务

在 Android 系统中存在各种内置软件可以实现系统的基本服务，用户通过各种系统服务能够更加有效地实现 Android 系统的管理。不同的服务实现的功能各不相同，例如，窗口管理服务用来管理打开的窗口程序，电源管理服务是针对电源的服务，通知管理服务是针对状态栏的服务等。

Android 系统服务提供了对系统层的控制接口，称为系统服务接口。应用层通过服务代理，可调用系统服务接口。若要实现将系统服务的状态通知给应用层，则可以使用广播或 AIDL（Android Interface Definition Language，安卓接口定义语言）。

Android 系统服务可以看成一个对象，通过活动类的 getSystemService 方法可获得指定的对象，即系统服务。getSystemService 方法通过接收一个字符串（String）类型的参数来确定获取系统的服务项，如 Audio 表示音频服务、Window 表示窗口服务等。

（2）权限

在 Android 的开发过程中，有时候会发生程序报错但函数调用没有问题的情况，有可能是因为未在"AndroidManifest.xml"中声明相关权限。为了让 Android 系统更加安全，程序在对受限数据进行访问、受限操作的时候必须进行相关权限的调用，从而为保护用户隐私提供支持。

通常，Android 系统将权限分为如下 3 种类型。

① 安装时权限

授予应用程序对受限数据的受限访问权限，并允许应用程序执行对系统或其他应用程序具有最低影响的受限操作。安装时权限包括普通权限和签名权限两个子类型。Android 系统为普通权限和签名权限分别分配了"normal"和"signature"保护级别。

② 运行时权限

运行时权限也称为危险权限，授予应用程序对受限数据的额外访问权限，并允许应用执行对系统和其他应用程序具有更严重影响的受限操作。只有通过运行时权限的授予，应用程序才能访问用户私有数据、麦克风和摄像头等私有、敏感的信息。Android 系统为运行时权限分配了"dangerous"保护级别。

③ 特殊权限

特殊权限与特定的应用操作相对应，只有平台和原始设备制造商能够定义。系统设置中的特殊应用访问权限界面包含了一组用户可切换的操作，许多操作都以特殊权限的形式实现。Android 系统为特殊权限分配了"appop"保护级别。

4.2.2 Android 应用程序的安装

1. APK 文件

APK（Android application package，Android 应用程序包）是 Android 系统使用的一种应用程序包文件格式，用来分发和安装移动应用及中间件。应用程序的代码只有经过编译、打包成 APK 格式的文件之后才能被 Android 系统识别，从而在 Android 系统上运行。

2. 寻找与下载

要使用 Android 应用程序，首先应寻找与下载应用程序。Android 应用程序寻找与下载的主要方法如下。

- 打开 Android 系统终端的应用市场，如安卓市场（Android Market），在相应分类中找到应用程序，或在搜索框中输入应用程序的名称，进行下载。
- 打开浏览器，在搜索框中输入应用程序的名称，或进入应用程序的官网，找到应用程序下载链接，根据提示进行下载。
- 通过电脑进入应用程序的官网，在下载界面中找到 Android 端应用程序的下载链接，下载 APK 文件，并将其发送至 Android 系统终端。

3. 安装方式

Android 应用程序的安装方式有如下 4 种。

- 系统应用安装：开机时完成，无安装界面，如系统应用、其他预置应用等。
- 网络下载应用安装：通过安卓市场等应用管理程序完成，无安装界面。
- ADB 工具安装：使用 Android 常用调试工具 ADB（Android Debug Bridge，调试桥）进行安装，无安装界面。
- 第三方应用安装：通过 SD 卡中的 APK 文件安装，有安装界面，由"packageinstaller.apk"应用程序进行安装和卸载。

4.2.3 Android 应用程序的配置

从开发者和用户的角度分别来看，Android 应用程序的配置是不一样的。对开发者来说，Android 应用程序的配置是在开发阶段进行的，是对应用程序配置文件的修改；对用户来说，Android 应用程序的配置是在使用阶段进行的，是根据实际需求在应用程序特定的配置界面中进行的一些较为直观、简易的操作。

1. 配置文件

Android 的配置文件通常指的是主应用程序中的"AndroidManifest.xml"配置文件。该文件声明了 Android 应用程序的一些基础信息，主要包括如下部分。

① 识别版本信息

文件中<manifest>的部分可以识别版本信息，代码如图 4-2-1 所示。

```xml
<?xml version="1.0" encoding="utf-8"?>
<manifest xmlns:android="http://schemas.android.com/apk/res/android"
package="com.newland.smartpark">
```

图 4-2-1 "AndroidManifest.xml"配置文件中<manifest>的部分

其中，"package"表示包名，"version"表示版本号。若有<uses-sdk>部分，则可以查看应用程序支持的 Android 系统的最低版本和最高版本，介于两者之间的所有 Android 版本都是该应用程序所支持的。

② 应用权限

<users-permission>的部分可以用来添加应用权限，实现访问控制权限的申请，一般的应用是不需要访问私人信息的，代码如图 4-2-2 所示。

```xml
<uses-permission
android:name="android.permission.READ_EXTERNAL_STORAGE"/>
```

图 4-2-2 "AndroidManifest.xml"配置文件中<users-permission>的部分

其中，"READ_EXTERNAL_STORAGE"为应用程序赋予的权限。

③ 应用程序基本配置

<application>的部分可以用来添加应用程序的基本配置，代码如图 4-2-3 所示。

```
<application
android:allowBackup="true"
android:icon="@mipmap/icon_smartpark"
android:label="@string/app_name"
android:roundIcon="@mipmap/icon_smartpark"
android:supportsRtl="true"
android:theme="@style/AppTheme"
android:usesCleartextTraffic="true">
```

图 4-2-3　"AndroidManifest.xml"配置文件中<application>的部分

其中，"android:label"表示应用程序的名字，"android:icon"及"android:roundIcon"表示图标，"android:theme"表示样式。

④ 全局变量

<meta-data>部分配置的基本是全局变量，比如配置应用程序中需要用到的第三方数据信息等，代码如图 4-2-4 所示。

```
<application
    ...
    <activity android:name="com.newland.smartpark.activity.GuideActivity"
            android:name:screenOrientation="landscape">
        <intent-filter>
            <action android:name="android.intent.action.MAIN" />
            <category android:name="android.intent.category.LAUNCHER" />
        </intent-filter>
        <meta-data
            android:name="meta_act"
            android:resource="@string/app_name" />
    </activity>
```

图 4-2-4　"AndroidManifest.xml"配置文件中< meta-data >的部分

其中，"landscape"表示应用程序在界面上的显示方式为横屏。

⑤ 模块声明

<activity>部分是所有模块的汇总，需要进行各个模块和主模块的声明，且所有调用的模块都必须在此处进行声明，代码如图 4-2-5 所示。

```
</activity>
    <activity
        android:name="com.newland.smartpark.activity.LoginActivity"
        android:launchMode="singleTask"
        android:screenOrientation="landscape">
        <intent-filter>
            <action android:name="android.intent.action.MAIN"/>
            <category android:name="android.intent.category.LAUNCHER"/>
        </intent-filter>
    </activity>
```

图 4-2-5　"AndroidManifest.xml"配置文件中<activity>的部分

其中，"android:name"表示应用程序界面，"android:screenOrientation"表示 activity 启动时的方向，"intent-filter"表示接入端口。

2．应用程序配置界面

一般来说，每个活动组件都有一个关联的 Window 对象用以描述应用程序窗口，每个应用程序窗口内部都包含一个 View 对象用以描述应用程序窗口的视图，而应用程序窗口视图的作用是实现 UI 内容和布局。用户的配置操作可以通过 Android 系统提供的一些 UI 控件实现，主要有 TextView、Button、EditText、ProgressBar、AlertDialog、ProgressDialog 等。

对用户来说，在 Android 应用程序使用中可以进入应用程序配置界面并进行相应的配置。具体的可配置项由在应用程序开发时编写的代码确定，如用户名、登录密码等。

4.2.4　Android 应用程序的重装与数据还原

1．应用程序重装

对 Android 应用程序来说，当服务器版本号大于本地版本号时，会弹出"本地是否更新"对话框，若单击"更新"按钮，则会下载服务器最新版本的 APK 文件进行安装。

在安装 Android 应用程序的时候，要求 Android 手机中有两个应用程序有相同的包名。若系统检测到这两个应用程序的包名相同，则新安装的应用程序会覆盖旧的应用程序；若这两个应用程序的包名不相同，则提示安装失败。

在卸载 Android 应用程序之后，若需要重装，则可以在 Android 系统的"system\app"文件夹中找到其安装包的 APK 文件。

2．应用程序数据还原

Android 应用程序的数据还原体现在两个方面，一方面是在应用程序重新安装之后，原用户数据的还原；另一方面是应用程序默认数据的还原。

对不同版本的 Android 系统来说，应用程序重新安装前后的数据状态是不一样的。比如 6.0 版本的 Android 系统具有自动备份功能，在重装应用程序之后，原始数据会被保留。如果 Android 应用程序重装后数据清零了，要想实现数据备份和还原，则可以修改"AndroidManifest.xml"文件中的代码，还可以使用备份和恢复工具。

应用程序默认的数据还原是指通过一定的操作，将应用程序的数据还原为程序默认设置的状态。

📖 任务实施

1．商品售货系统应用程序安装与配置

（1）应用程序安装

在 Android 系统环境下获取商品售货系统的安装包，名为"SmartRetail.apk"，双击打开该 APK 文件并进行安装。

在安装完成之后，Android 系统界面上会出现商品售货系统应用程序的图标，如图 4-2-6 所示。

图 4-2-6　商品售货系统应用程序安装

（2）应用程序运行与授权

双击"商品售货系统"图标运行商品售货系统，在第一次运行的时候会弹出一个授权提示，单击"允许"按钮，如图 4-2-7 所示。

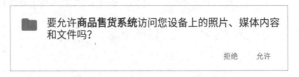

图 4-2-7　授权提示

（3）用户注册

在"登录"界面中单击"注册"按钮，在"注册"对话框中依次设置"用户名"为"admin"，"密码"为"1"，"确认密码"为"1"，单击"确定"按钮，如图 4-2-8 所示，用户注册完成。

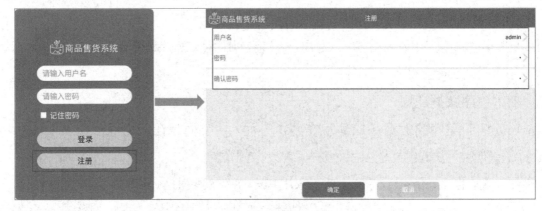

图 4-2-8　商品售货系统用户注册

（4）用户登录

在"登录"界面中输入已注册的用户名"admin"、密码"1"，单击"登录"按钮。

（5）应用程序配置

在成功登录商品售货系统之后，单击界面右上角的"📇"图标，单击"设置云平台地址"按钮，在弹出的对话框中依次设置"域名"为"api.nlecloud.com"，"端口"为"80"，以及用户名、密码、网关设备 ID、网关设备标识、商品 ID，单击"保存"按钮，如图 4-2-9 所示。

（6）商品识别

在商品售货系统的"云平台实现"界面中单击"登录云

图 4-2-9　应用程序配置

平台"按钮，提示"云平台连接成功"，单击"开始识别"按钮进行商品识别。商品售货系统将识别商品数量、商品价格及商品热门率，且每隔 4 秒更新一次。单击"结束识别"按钮停止商品识别，单击"云平台连接成功"按钮断开连接，如图 4-2-10 所示。

图 4-2-10　商品识别

2. 商品售货系统应用程序重装与数据还原

（1）应用程序卸载

将桌面上的"商品售货系统"图标拖放到"卸载"处，或者进入应用商店，选择商品售货系统应用程序，单击"卸载"按钮，即可完成应用程序的卸载。

（2）应用程序重装

商品售货系统应用程序重装的方法与第一次安装的方法一样，只需双击打开"SmartRetail.apk"文件进行安装即可。

（3）新用户注册与登录

注册一个用户名为"adminNEW"、密码为"2"的新用户，并进行登录，查看新用户的配置信息及数据，如图 4-2-11 所示。

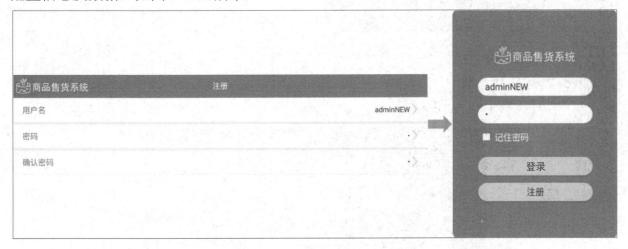

图 4-2-11　新用户注册与登录

（4）新用户配置及数据查看

再次成功登录商品售货系统之后，单击界面右上角的"👥"图标，弹出"设置云平台地址"对话框，查看默认配置，如图 4-2-12 所示，用户可根据实际需求修改数据。

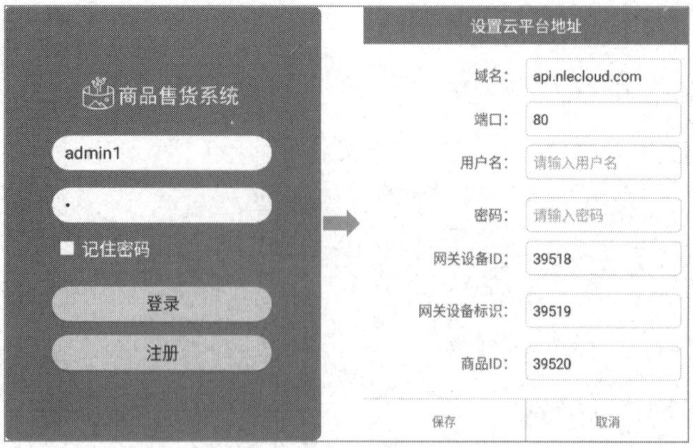

图 4-2-12　商品售货系统新用户默认配置

（5）用户数据还原

退出商品售货系统并重新运行，登录原先已注册的用户 admin，进入商品售货系统的配置界面。由于在应用程序开发过程中，对已注册的用户信息进行了存储操作，因此在应用程序重装之后，原用户 admin 的配置信息与应用程序卸载前一致，实现了用户数据还原，如图 4-2-13 所示。

图 4-2-13　用户数据还原

单击"保存"或"取消"按钮回到商品售货系统界面，依次单击"云平台连接成功""开始识别"按钮，查看用户 admin 所设置商品当前的价格、数量及热门率，如图 4-2-14 所示。

图 4-2-14　商品售货系统商品信息查看

任务小结

本任务介绍了 Android 应用程序的概念、分类以及系统服务与权限，并对 Android 应用程序的安装、配置、重装及数据还原进行了简要的讲解。通过对商品售货系统的安装、配置、重装及用户数据还原操作的讲解，使学生熟练掌握 Android 应用程序的相关操作，并且能够通过实践对理论知识有更深的理解。

本任务知识结构思维导图如图 4-2-15 所示。

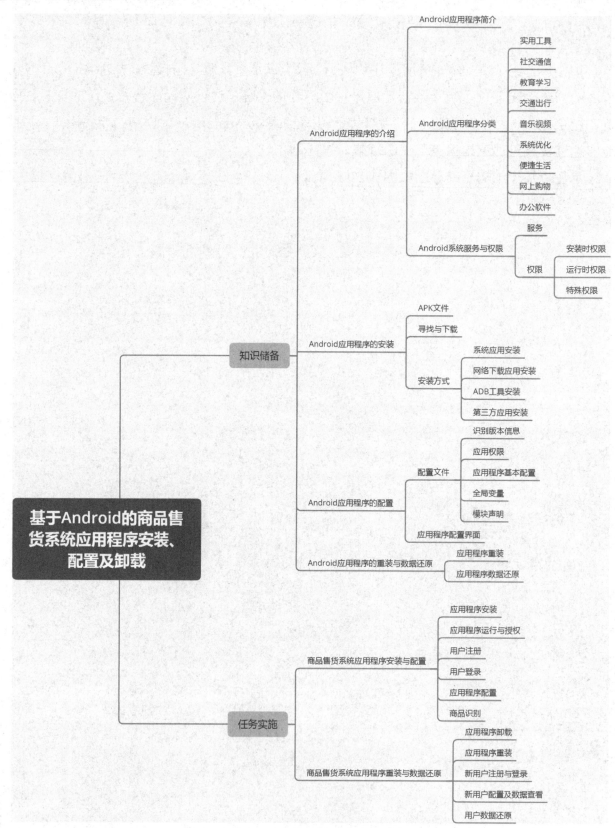

图 4-2-15　知识结构思维导图

项目 5

智慧园区——园区数字化监控系统运行监控

引导案例

随着"互联网+""一带一路"的推进，智慧园区、产城融合示范区等新业态不断涌现，一套完整的园区数字化监控系统在智慧园区的生产、管理、运行、维护等方面起到了至关重要的作用。智慧园区——园区数字化监控系统可以对园区服务器、数据库以及 AIoT 平台进行监控。园区服务器承载园区内所有公司的业务，是客户和所有员工访问园区官网的入口；数据库存储园区所有公司的账户与数据，并管理其数据库账号的权限；AIoT 平台可为园区客户分配账户和资产，以及设备和仪表板的查看功能权限。因此，打造智慧园区——园区数字化监控系统有利于实现整个园区的统一管理、调度和监控。

智慧园区——园区数字化监控系统（见图 5-1-1）的日常运行监控分为服务器性能监控、数据库日常运行监控和 AIoT 平台日常运行监控 3 部分，分别实现服务器日常监控与巡检，数据库账号权限管理、备份与还原，AIoT 平台审计日志与 API 使用情况监控。

图 5-1-1　智慧园区——园区数字化监测系统

任务 1 园区数字化监控系统的服务器日常运行监控

🎥 职业能力目标

- 能根据国家标准文件，结合性能监控工具，完成服务器的日常运行监控。
- 能根据巡检要求，结合服务器性能，完成服务器的巡检工作。

⏰ 任务描述与要求

任务描述：

N 园区是一家集合了多家公司的物联网企业，园区的服务器承载着该园区所有公司的业务信息，员工和客户都通过服务器访问园区官网。N 园区要求运维人员使用 Windows 操作系统自带的性能监视器和资源监视器实现服务器的性能监控，并使用 Wireshark 程序实现服务器的网络监控。

任务要求：

- 使用性能监视器，完成 CPU、磁盘、网络和内存等性能监控。
- 使用资源监视器，完成 CPU、磁盘、网络和内存等资源监控。
- 使用 Wireshark 进行网络监控，完成服务器数据包捕获。
- 使用 Wireshark 过滤器，完成 ARP 数据包和 IP 数据包监控。

🖥 知识储备

5.1.1 服务器性能监控

1. 服务器性能监控内容

服务器是用来提供计算服务的设备，负责监听并处理网络上其他计算机提交的服务请求，以及提供相应的服务。服务器性能监控系统是一个可以实时了解服务器运行状态并随时随地查看监控记录的平台。在服务器性能监控系统中，用户可以根据实际情况设置监控阈值，当系统检测到监控数据低于或高于阈值的时候，就会发送相应的报警信息。服务器性能监控的目的是确认服务器正常运行，保障服务器能够提供稳定的服务，从而保证企业业务、校园教学和科研任务等工作的正常进行。简而言之，服务器性能监控是运维工作的核心，做好服务器日常运行监控是运维人员的重要工作。

根据《信息技术服务 运行维护 第 4 部分：数据中心服务要求》（GB/T 28827.4-2019），Windows 服务器性能的监控主要有如下内容。

（1）服务器整体运行情况

监控服务器整体运行情况，可以使用 Windows 操作系统自带的性能监视器或第三方监控工具，查看服务器的内存、网络、磁盘、CPU 等使用情况。

（2）服务器电源工作情况

服务器的电源是为服务器提供能量的重要配件，可以为所有设备提供连续、稳定的电流。服务器电源工作情况的监控内容包括电源指示灯状态、电压的稳定性、供电用电情况等。

（3）服务器 CPU 工作情况

对服务器 CPU 工作情况的监控，包括 CPU 运行时间、CPU 是否过高或者过低运行等情况。监控服务器 CPU 工作情况，可以使用 Windows 操作系统自带的性能监视器，进入资源监视器的 CPU 监视界面进行查看；还可以在命令提示符窗口中使用"typeperf"命令进行查看，执行命令如下。

```
typeperf "\Processor(_Total)\% Privileged Time"
```

在执行上述命令之后可查看系统 CPU 时间。

（4）服务器内存工作情况

为了防止系统内存空间用尽，需要使用监控工具对系统内存使用情况进行监控，若系统内存过高则发出通知。在资源监视器的内存监视界面中可查看内存使用情况，还可在命令提示符窗口中使用"systeminfo"或"typeperf"命令进行查看，执行命令如下。

```
typeperf "\Memory\Available MBytes"
```

在执行上述命令之后可查看当前空闲的物理内存空间。

（5）服务器硬盘工作情况

监控服务器硬盘工作情况主要通过监控磁盘活动及其存储情况实现，可维护磁盘空闲空间，若磁盘可用空间过低则发出通知。在资源监视器的磁盘监视界面中，可看到磁盘的活动进程、磁盘活动和存储情况；还可以在命令提示符窗口中使用"chkdsk"命令检查磁盘状态或修复磁盘错误。

（6）服务器接口工作情况

服务器网络接口的健康状况和状态，可进入资源监视器的网络监视界面，在侦听端口面板中查看，包括进程、地址、端口、协议、防火墙状态，以及防火墙是否限制该端口号等信息；也可使用 TCPView 程序监控系统上所有 TCP 和 UDP 接口的进程、协议、状态、地址等信息；还可在命令提示符窗口中使用"netstat"命令查看本机各端口的网络连接情况，执行命令如下。

```
netstat -a -p tcp
```

在执行上述命令之后可查看所有 TCP 端口的情况。

2. 常见性能监控工具

在 Windows 操作系统中，监控工具大致分为两类，一类是 Windows 操作系统自带的性能监控工具，另一类是第三方性能监控工具。接下来介绍部分常见的 Windows 服务器性能监控工具，可帮助管理员实现服务器性能、内存消耗、容量和系统整体健康状态的监控。

（1）性能监视器（Performance Monitor）

作为 Windows 服务器自带的性能监控工具，性能监视器可实现对系统性能的实时监控。性能监视器提供了数据收集器和资源监视器，能配置和查看性能计数器，进行事件跟踪和数据收集，以及监控服务器操作系统、服务、应用程序正在使用的硬件资源（CPU、磁盘、网络、内存）与系统资源（句柄和模块）的实时信息。另外，资源监视器还可以实现停止进程、启动和停止服务、分析进程死锁等功能。

（2）命令提示符（cmd）

命令提示符是 Windows 操作系统的命令行程序，可以通过在命令提示符窗口中执行 DOS 命令实现各种功能，包括对 Windows 操作系统的监控功能。比如，"typeperf"命令用来将系统的性能数据写入命令提示符窗口或日志文件；"systeminfo"命令用来显示计算机及其操作系统的详细配置信息（操作系统配置、安全信息、RAM、磁盘空间、网卡等硬件属性）；"netstat"命令用来显示活动 TCP 连接、计算机正在侦听的端口、以太网统计信息等。

（3）Nagios

Nagios 是一种开源的免费网络监控工具，用于实现系统运行状态和网络信息的监控。Nagios 支持对 Windows、Linux 和 UNIX 系统的网络状态、日志等情况的监控。当监测到系统或服务状态发生异常的时候，Nagios 将第一时间发送警报给运维人员，待恢复正常后发送正常的通知。

（4）Zabbix

Zabbix 是基于 Web 界面的、提供分布式系统监控及网络监控功能的企业级开源解决方案，由 Zabbix Server 和 Zabbix Agent 两部分构成。Zabbix 可监控服务器系统的 CPU 负荷、内存使用、磁盘使用、网络状况、端口、日志等信息，并实现数据的采集、处理和可视化。

（5）Windows Health Monitor

Windows Health Monitor 是一种可管理多达 10 个 Windows 服务器的服务器监控系统，可用来监控 CPU、内存消耗、磁盘空间、带宽容量等情况。运维人员可为服务器所监控的资源设置阈值，当超过阈值的时候，运维人员将接收到相应的警报通知。

（6）Anturis

Anturis 是一种使用较多的服务器监控工具，可作为基于云的 SaaS 平台，支持对 Windows 和 Linux 服务器、网站和 IT 基础架构的监控。

5.1.2 服务器网络监控

1．服务器网络监控内容

网络监控是对局域网内计算机进行的监视和控制，是一个复杂的 IT 流程，需要对所有网络组件、链接的运行状况和性能表现进行跟踪与监控。网络监控的目的是发现网络故障隐患并进行快速诊断，同时实现对各种网络资源的优化和管理。

网络监控的主要内容如下。

（1）网络数据包

网络数据包是 TCP/IP 通信传输的数据单位，包含在局域网的"帧"里。数据包包含发送者地址、接收者地址、使用的通信协议、数据长度等信息。

（2）网络流量

网络流量通常指网络设备在网络上所产生的数据量，是在给定时间内通过网络传输的数据量，也称为数据流量。

（3）网络带宽

网络带宽通常指网络中某两个节点之间的通道在进行数据传输时理论上可达到的最高速率，代表通信线路传送数据的能力。

（4）网速

网速一般指在网络终端上传或下载数据时请求和返回数据所用的时间长短，即当前网络数据流量的速度。网速的最小值为 0MB/s，最大值不超过带宽上限。

2．常见网络监控工具

在 Windows 操作系统中，可通过各种第三方工具实现网络监控，接下来介绍几种常见的网络监控工具。

（1）Wireshark

Wireshark 是一款网络包分析工具，前身是 Ethereal，主要功能是捕获并自动解析网络数据包，以及显示数据包的详细信息供用户进行分析。Wireshark 支持 Windows 和 Linux 操作系统，且安装方式简单，是应用最广泛的网络监控工具之一。

Wireshark 的监控界面主要分为上、中、下 3 块面板，用于显示数据包的不同信息。上部面板称为"Packet List"面板，用于显示 Wireshark 捕获到的所有数据包，从"1"开始进行顺序编号。中部面板称为"Packet Details"面板，用于显示单个数据包的详细信息，以层次结构进行显示。这些层次结构默认是折叠状态，将它们展开即可查看详细信息。下部面板称为"Packet Bytes"面板，用于显示单个数据包未经处理的原始数据，以十六进制和 ASCII 格式显示。另外，"Packet List"面板上方一栏为过滤器，可输入相应表达式筛选满足指定条件的数据包。图 5-1-2 所示为使用 Wireshark 进行以太网数据监控的界面。

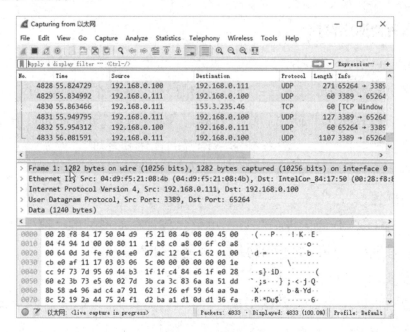

图 5-1-2　使用 Wireshark 监控以太网数据

（2）Jperf

Jperf 是一款简单的网络性能测试工具，是一种将 iperf 命令行图形化的 Java 程序。Jperf 简化了复杂命令行的参数，在将测试结果进行保存的同时实现实时图形化显示。

Jperf 可针对 TCP 和 UDP 带宽质量进行测试，可测量最大 TCP 带宽，具有多种参数和 UDP 特性。另外，Jperf 还可报告带宽、延迟抖动和数据包丢失。Jperf 服务器和 Jperf 客户端节点的作用各不相同，Jperf 服务器用于监听到达的测试请求，在监测界面中不会出现带宽曲线；而 Jperf 客户端用于发起测试会话，在监测界面中能查看带宽曲线。

（3）NetFlow Analyzer

NetFlow Analyzer 是一款专门用于监控网络流量的监控软件，利用 Flow 技术收集网络中关于流量的信息，让用户获得流量构成、协议分布和用户活动等信息。

NetFlow Analyzer 支持 NetFlow、sFlow、cflow、jFlow、FNF、IPFIX、NetStream、Appflow 等多种 Flow 格式，可解析高达 100KB/s 的大流量数据。免费版的 NetFlow Analyzer 还具有支持监控两个接口的特性。

（4）Traffic Monitor

Traffic Monitor 是一款网速监控悬浮窗软件，支持 Windows 操作系统，可监控当前网速、CPU 利用率及内存利用率。

Traffic Monitor 为用户提供了两种不同功能级别的版本，即普通版和 Lite 版。普通版需要使用管理员权限运行，具有所有功能；Lite 版不需要管理员权限即可运行，但是无法监控温度、显卡利用率、硬盘利用率等硬件性能。该监控工具具有支持嵌入任务栏显示、支持更换皮肤和自定义皮肤、支持历史流量统计、支持多网卡下自动和手动选择网络连接等特性。

🕮 任务实施

1. 服务器性能监控

Performance Monitor 是 Windows 服务器自带的性能监控工具，用于对服务器进行日常监控，监控其 CPU、磁盘、网络、内存的使用情况。在本任务中，使用性能监控工具即可满足基本要求。本任务在 Windows Server 2019 操作系统中实施。

（1）运行性能监视器

在"运行"程序中输入"perfmon"，单击"确定"按钮，或直接在搜索框中输入"性能监视器"即可运行性能监控器。

"性能监视器"界面的左侧窗格为控制台树，用户可根据需要选择监控工具、数据收集器和报告；右侧窗格为操作窗格，用来进行各种监控操作和信息查看。在图 5-1-3 所示的"系统摘要"中列出了通过对系统内存、网络接口、磁盘和 CPU 的监控所得的部分参数。

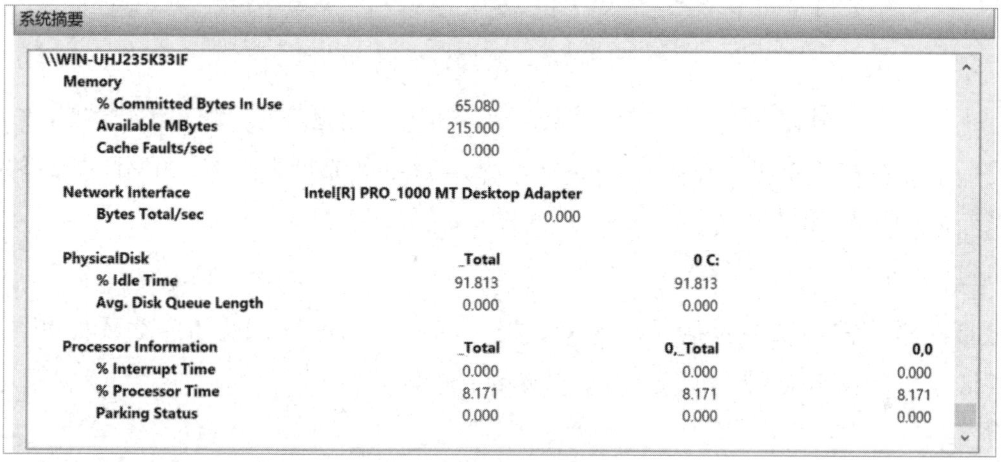

图 5-1-3　性能监视器

"系统摘要"中列出的参数说明如下。

① Memory（内存相关参数）

"% Committed Bytes In Use"表示内存使用百分比，"Avialable MBytes"表示当前空闲的物理内存，"Cache Faults/sec"表示系统在缓存中查找数据失败的次数。

② Network Interface（网络接口相关参数）

"Bytes Total/sec"表示包括帧字符在内，网络中接收和发送字节的速率。

③ PhysicalDisk（磁盘相关参数）

"% Idle Time"表示磁盘空闲时间，"Avg. Disk Queue Length"表示磁盘评价队列长度，即磁盘读取和写入请求的平均数。

④ Processor Information（CPU 相关参数）

"%Interrupt Time"表示处理器接收处理硬件中断所使用的时间比例，"%Processor Time"表示处理器执行非闲置线程所使用的时间比例。

（2）性能监视器监控

首先，在控制台树窗格中单击"性能监视器"按钮，进入性能监视器操作界面。

其次，选择要进行监控的对象，单击操作界面中的"➕"图标。

最后，在弹出的"添加计数器"对话框中选择计数器选项，性能监视器中默认已存在用来监视 CPU 使用率的"Processor-%Processor Time"，还需添加用来监视内存使用率的"Memory-Available MBytes"、用来监视磁盘 I/O 读写情况的"PhysicalDisk-Disk Transfers/sec"、用来监视网络流量情况的"Network Interface-Bytes Total/sec"，如图 5-1-4 所示。

图 5-1-4　添加计数器

单击"确定"按钮，回到"性能监视器"界面中，可观察到 4 个计数器的数据变化以折线形式呈现。右击空白处，在弹出的快捷菜单中选择"属性"命令，根据实际需求对性能监视器界面属性进行如下修改。

① 常规属性

性能监视器的常规属性包括显示元素、报告和直方图数据，以及自动采样和图形元素。在这里保持采样间隔和持续时间分别为 1 秒和 100 秒。

② 数据属性

将 4 个计数器的折线分别修改为不同颜色，如红色、紫色、蓝色、绿色。计数器折线的比例默认为 1.0，可根据实际情况修改为 10.0、0.1、0.01 等不同比例。

③ 图表属性

将标题改为"智慧园区——园区数字化监控系统服务器性能监控"，垂直轴改为"CPU 使用率/空闲物理内存/网络流量/磁盘 IOPS"。垂直轴上比例的最大值和最小值保持默认的 100 和 0，也可根据实际情况进行调整。

在将已修改的属性应用并确定之后，可观察到结果如图 5-1-5 所示。选择不同的计数器，可以分别查看各个计数器的最新值、平均值、最小值、最大值和持续时间。

（3）资源监视器监控

资源监视器可从性能监视器中打开、从任务管理器中打开、在"运行"程序中输入"resmon.exe"打开，或从"开始"菜单中打开。

资源监视器不仅能实时监控服务器的 CPU、磁盘、网络、内存等资源的概述及使用情况，还有助于运维人员分析没有响应的进程、确定正在使用的应用程序、控制进程和服务，如图 5-1-6 所示。

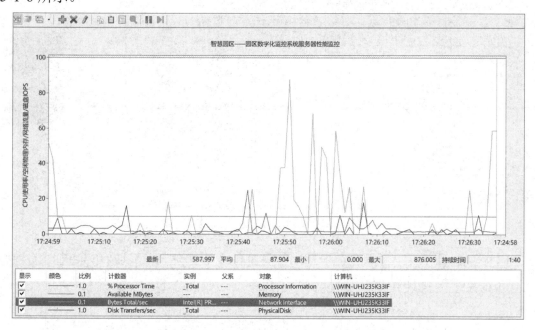

图 5-1-5　智慧园区——园区数字化监控服务器性能监控

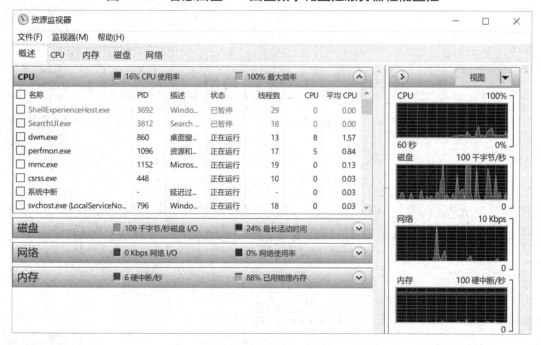

图 5-1-6　资源监视器

通过在"资源监视器"界面中切换选项卡，可分别查看 CPU、内存、磁盘和网络的详细监视界面。

在"CPU"选项卡中，可观察到 CPU 使用率、程序的服务，以及关联的句柄、模块，还可对各个进程和服务执行结束、启动、停止、恢复等操作。观察右侧的两个折线图，上图表示正在使用的 CPU 总容量的百分比，下图表示服务 CPU 使用率，如图 5-1-7 所示。

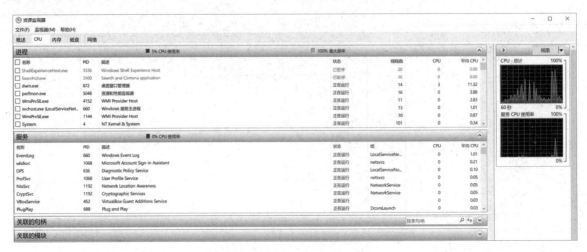

图 5-1-7 "CPU"选项卡

在"内存"选项卡中，可观察到已用物理内存及可用内存，以及单个进程的内存使用情况，还可对各进程执行结束、暂停、恢复等操作，如图 5-1-8 所示。

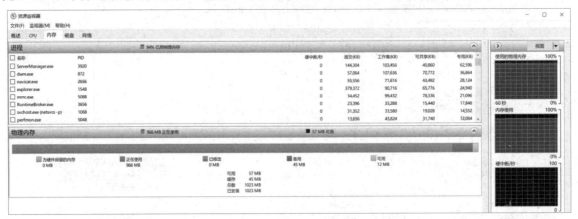

图 5-1-8 "内存"选项卡

在"磁盘"选项卡中，可观察到进程读取或写入的文件、各个磁盘的存储情况，以及当前总 I/O 和最长活动时间的百分比，还可检查是否有软件越权查看隐私文件，如图 5-1-9 所示。

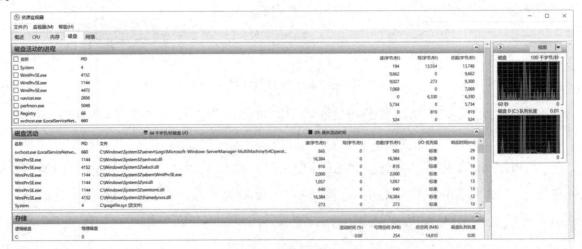

图 5-1-9 "磁盘"选项卡

在"网络"选项卡中，可观察到所有进程占用网络资源的情况，包括上传和下载，还可检查影响网速的软件。观察右侧折线图，可以看到当前网络总流量和正在使用的网络容量的百分比，如图 5-1-10 所示。

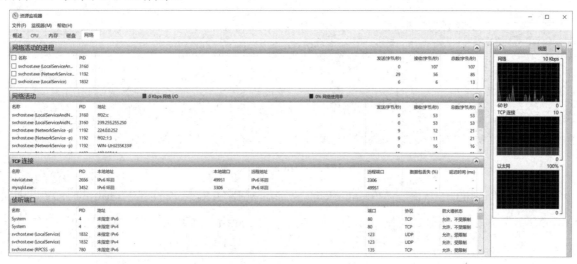

图 5-1-10 "网络"选项卡

2．服务器网络监控

本任务使用 Windows Server 2019 操作系统，选用网络监控工具 Wireshark 进行服务器网络监控。

（1）Wireshark 安装与启动

下载 Wireshark 2.6.4 的安装包，双击"Wireshark-win64-2.6.4.exe"应用程序，根据安装向导进行安装。安装过程中保持默认选项即可，无须另行设置。

在"开始"菜单中找到"Wireshark"程序，单击即可打开"The Wireshark Network Analyzer"启动界面，如图 5-1-11 所示。

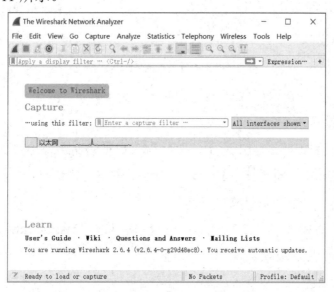

图 5-1-11 "The Wireshark Network Analyzer"启动界面

（2）Wireshark 捕获数据包

双击要进行监控的网卡"以太网"，打开"Capturing from 以太网"界面，可以看到 Packet List 面板正在捕获数据包，如图 5-1-12 所示。

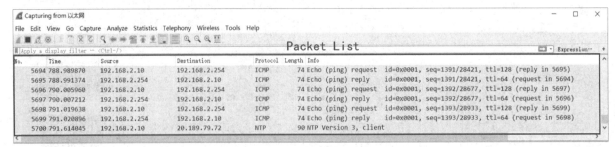

图 5-1-12　Packet List 面板

在 Packet List 面板中查看 Wireshark 捕获到的数据包信息，其中"Source"为源地址，"Destination"为目的地址，"Protocol"为协议，"Length"为数据包长度，"Info"为数据包信息。

选中 Packet List 面板中的某个数据包，在 Packet Details 面板中查看该数据包的详细信息并以层次结构折叠显示，在 Packet Bytes 面板中查看该数据包并以十六进制和 ASCII 格式显示，如图 5-1-13 所示。

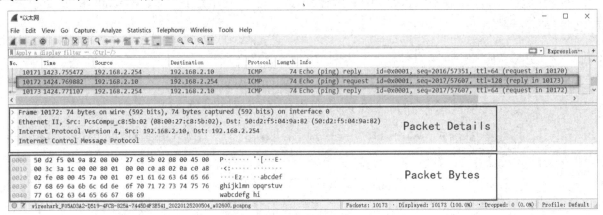

图 5-1-13　查看指定数据包信息

Packet Details 面板中显示该数据包包含如下信息。

① 物理层数据帧概况

该部分信息展开后如图 5-1-14 所示，可查看该数据包的封装类型（Encapsulation type）、捕获时间（Arrival Time）、帧长度（Frame Length）等物理层数据帧概况。

② 数据链路层以太网帧头信息

该部分信息展开后如图 5-1-15 所示，可查看目标（Destination）、源（Source）、类型（Type）等数据链路层以太网帧头信息。

```
> Frame 10172: 74 bytes on wire (592 bits), 74 bytes captured (592 bits) on interface 0
  > Interface id: 0 (\Device\NPF_{F05AD3A2-D519-4FCB-825A-7445D4F3E541})
    Encapsulation type: Ethernet (1)
    Arrival Time: Jan 25, 2022 20:28:50.379092000 中国标准时间
    [Time shift for this packet: 0.000000000 seconds]
    Epoch Time: 1643113730.379092000 seconds
    [Time delta from previous captured frame: 1.014410000 seconds]
    [Time delta from previous displayed frame: 1.014410000 seconds]
    [Time since reference or first frame: 1424.769882000 seconds]
    Frame Number: 10172
    Frame Length: 74 bytes (592 bits)
    Capture Length: 74 bytes (592 bits)
    [Frame is marked: False]
    [Frame is ignored: False]
    [Protocols in frame: eth:ethertype:ip:icmp:data]
    [Coloring Rule Name: ICMP]
    [Coloring Rule String: icmp || icmpv6]
```

图 5-1-14　物理层数据帧概况

```
> Ethernet II, Src: PcsCompu_c8:5b:02 (08:00:27:c8:5b:02), Dst: 50:d2:f5:04:9a:82 (50:d2:f5:04:9a:82)
  > Destination: 50:d2:f5:04:9a:82 (50:d2:f5:04:9a:82)
      Address: 50:d2:f5:04:9a:82 (50:d2:f5:04:9a:82)
      .... ..0. .... .... .... .... = LG bit: Globally unique address (factory default)
      .... ...0 .... .... .... .... = IG bit: Individual address (unicast)
  > Source: PcsCompu_c8:5b:02 (08:00:27:c8:5b:02)
      Address: PcsCompu_c8:5b:02 (08:00:27:c8:5b:02)
      .... ..0. .... .... .... .... = LG bit: Globally unique address (factory default)
      .... ...0 .... .... .... .... = IG bit: Individual address (unicast)
    Type: IPv4 (0x0800)
```

图 5-1-15　数据链路层以太网帧头信息

③ 网际层 IP 包头部信息

该部分信息展开后如图 5-1-16 所示，可查看协议（Protocol）、源地址（Source）、目的地址（Destination）等网际层 IP 包头部信息。

```
> Internet Protocol Version 4, Src: 192.168.2.10, Dst: 192.168.2.254
    0100 .... = Version: 4
    .... 0101 = Header Length: 20 bytes (5)
  > Differentiated Services Field: 0x00 (DSCP: CS0, ECN: Not-ECT)
      0000 00.. = Differentiated Services Codepoint: Default (0)
      .... ..00 = Explicit Congestion Notification: Not ECN-Capable Transport (0)
    Total Length: 60
    Identification: 0x3a1c (14876)
  > Flags: 0x0000
      0... .... .... .... = Reserved bit: Not set
      .0.. .... .... .... = Don't fragment: Not set
      ..0. .... .... .... = More fragments: Not set
      ...0 0000 0000 0000 = Fragment offset: 0
    Time to live: 128
    Protocol: ICMP (1)
    Header checksum: 0x0000 [validation disabled]
    [Header checksum status: Unverified]
    Source: 192.168.2.10
    Destination: 192.168.2.254
```

图 5-1-16　网际层 IP 包头部信息

④ 因特网控制消息协议（ICMP）信息

该部分信息展开后如图 5-1-17 所示，可查看该数据包的因特网控制消息协议信息。

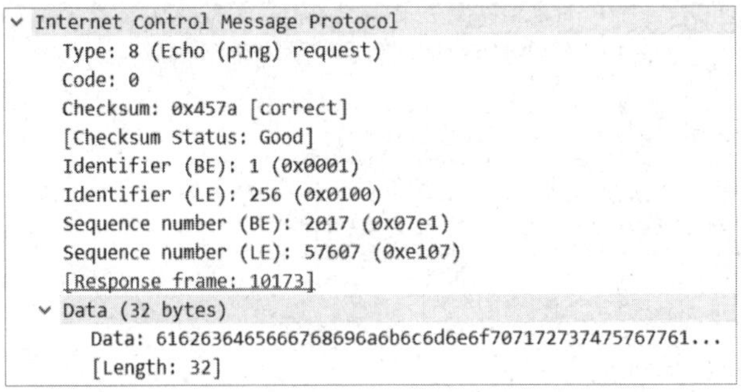

```
Internet Control Message Protocol
    Type: 8 (Echo (ping) request)
    Code: 0
    Checksum: 0x457a [correct]
    [Checksum Status: Good]
    Identifier (BE): 1 (0x0001)
    Identifier (LE): 256 (0x0100)
    Sequence number (BE): 2017 (0x07e1)
    Sequence number (LE): 57607 (0xe107)
    [Response frame: 10173]
  Data (32 bytes)
      Data: 6162636465666768696a6b6c6d6e6f7071727374757677761...
      [Length: 32]
```

图 5-1-17　因特网控制消息协议信息

（3）Wireshark 过滤指定数据包

在网络监测的过程中，Wireshark 会不断捕获各种数据包。如果要求监控特定类型或特定条件的数据包，则需要使用特定的过滤器或输入特定的条件，在 Packet List 面板中会显示所有符合要求的数据包。Wireshark 中常见的过滤器如表 5-1-1 所示。

表 5-1-1　Wireshark 常见过滤器

过　滤　器	作　　用	过　滤　器	作　　用
arp	显示所有 ARP 数据包	icmp	显示所有 ICMP 数据包
bootp	显示所有 BOOTP 数据包	ip	显示所有 IPv4 数据包
dns	显示所有 DNS 数据包	ipv6	显示所有 IPv6 数据包
ftp	显示所有 FTP 数据包	tcp	显示所有 TCP 数据包
http	显示所有 HTTP 数据包	tftp	显示所有 TFTP 数据包

为了监控服务器网络中 ARP 数据包的状态，在 arp 过滤器搜索框中输入"arp"，在 Packet List 面板中显示筛选出的 ARP 数据包，如图 5-1-18 所示。

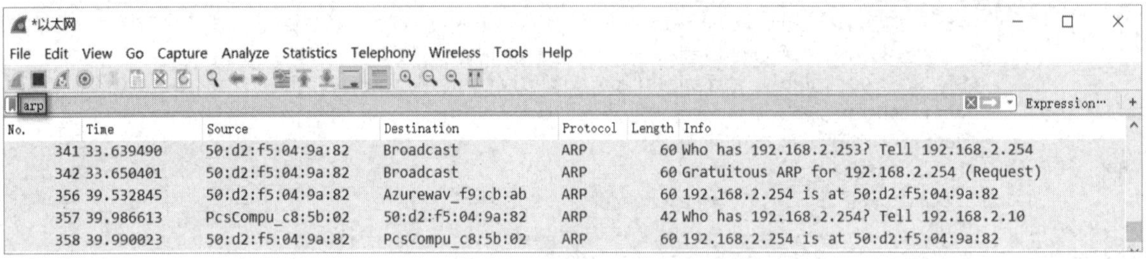

图 5-1-18　arp 过滤器

为了监控包含网关（IP 地址为 192.168.2.254）的数据包状态，在 ip 过滤器搜索框中输入"ip.addr == 192.168.2.254"，在 Packet List 面板中显示筛选出的 IP 地址为"192.168.2.254"的 IP 数据包，如图 5-1-19 所示。

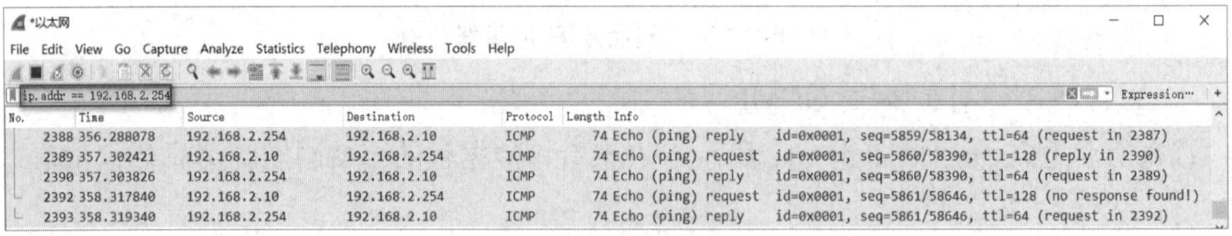

图 5-1-19　ip 过滤器

任务小结

本任务介绍了服务器日常监控的内容和监控工具，以及服务器巡检工作。通过使用 Windows 操作系统自带的性能监视器、资源监视器等工具实现服务器性能监控，并使用 Wireshark 网络监控工具实现服务器网络监控，使学生做到理论联系实际，熟练掌握服务器日常监控和巡检的技能。

本任务知识结构思维导图如图 5-1-20 所示。

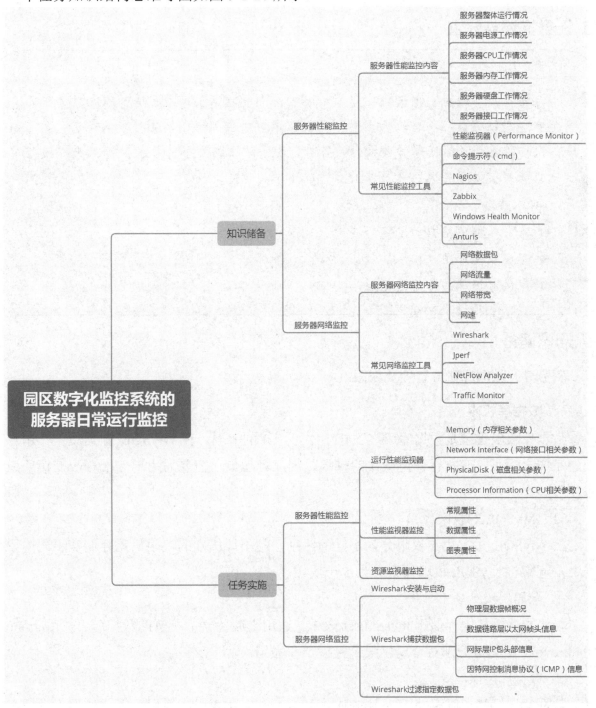

图 5-1-20　知识结构思维导图

任务 2　园区数字化监控系统的数据库日常运行监控

🔭 职业能力目标

- 能根据数据库管理方法，完成数据库用户的创建、查看、删除及密码设置。
- 能根据数据库用户的实际情况，完成数据库用户权限的授予、查看和撤销。
- 能根据数据库运行监控需求，完成数据库的备份与还原。

⏰ 任务描述与要求

任务描述：

　　N 园区的数据库存储着园区中多家公司的员工信息，该数据库的数据库管理员需为每家公司都配备一个数据库用户，并对各用户进行创建、删除、密码设置、信息查看、权限的授予及撤销等管理操作。另外，为了防止意外事件导致数据丢失，数据库管理员还需对数据库进行日常的备份与还原。

任务要求：

- 完成数据库用户的创建、查看、删除、密码设置。
- 完成数据库用户权限的授予、查看、撤销。
- 完成数据库的备份与还原。

🖥 知识储备

5.2.1　数据库账号管理及权限

1. 数据库权限

数据库权限管理是数据库运维工作中不可或缺的一项。在 MySQL 数据库中，用户在创建完成之后不具有执行任何操作的权限，因此管理员还需要为用户分配相应的访问或操作权限。

（1）MySQL 的权限体系

在 MySQL 中，用户权限分为不同的级别，且不同级别的权限信息存储在不同的系统表中。通常将 MySQL 权限体系分为 5 个层级。

① 全局层级

全局层级的权限存储于 mysql.user 表中，适用于服务器中所有的数据库。使用 grant 语句和 revoke 语句可分别对全局权限进行授予和撤销。

② 数据库层级

数据库层级的权限存储于 mysql.db 表和 mysql.host 表中，适用于指定数据库中所有的目标。使用 grant 语句和 revoke 语句可分别对数据库权限进行授予和撤销。

③ 表层级

表层级的权限存储于 mysql.tables_priv 表中，适用于指定表中所有的列。使用 grant 语句和 revoke 语句可分别对表权限进行授予和撤销。

④ 列层级

列层级的权限存储于 mysql.columns_priv 表中，适用于指定表中的单一列。使用 grant 语句和 revoke 语句可分别对列权限进行授予和撤销。在使用 revoke 语句撤销列权限的时候，指定的列需要与被授权列相同。

⑤ 子程序层级

create routine、alter routine、execute 和 grant 等权限适用于已存储的子程序，可被授予全局层级和数据库层级的用户。其中，alter routine、execute 和 grant 权限可被授予子程序层级的用户，存储于 mysql.procs_priv 表中。

（2）权限分类

在 MySQL 中，可授予的权限分为数据类、结构类、管理类 3 类。

① 数据类

数据类权限包括 select、insert、update、delete 等。

② 结构类

结构类权限包括 create、alter、index、drop、create view、show view、create routine、alter routine、execute、event、trigger、create temporary tables 等。

③ 管理类

管理类权限包括 grant option、super、process、file、reload、shutdown、show databases、lock tables、references、replication client、replication slave、create user、create tablespace 等。

（3）权限表的存取

在系统中进行数据库权限的授予和撤销时，涉及 MySQL 数据库中最重要的 3 个权限表——user 表、host 表和 db 表。3 个表的重要性依次递减，最重要的表是 user 表，最不常使用的表是 host 表。在 user 表中，主要有用户列、权限列、安全列和资源控制列 4 部分。用户列和权限列是使用最频繁的列，其中权限列包括普通权限、管理权限。在对数据库的操作中就用到了普通权限，如 select_priv、super_priv 等。

在用户进行连接的过程中，权限表的存取包括两个过程。

① 权限表存取的第一个过程

首先，根据 user 表中的 host、user 和 authentication_string 这 3 个字段判断 user 表中是否存在进行连接的 IP 地址、用户名、密码。如果判断存在，则身份验证通过，否则身份验证不通过，连接将被拒绝。

然后，在身份验证通过之后，根据 user 表、db 表、tables_priv 表、columns_priv 表的顺

序依次获取数据库权限。在上述权限表中，权限范围依次递减，范围最大的表是 user 表，范围最小的表是 columns_priv 表，且全局权限可覆盖局部权限。

② 权限表存取的第二个过程

用户在通过权限认证之后，要进行权限分配，此时需根据权限分配的顺序检查权限表，依次为 user 表、db 表、tabels_priv 表、columns_priv 表。

首先，检查全局权限表 user 表，user 表中的权限体现了用户对所有数据库的权限。如果 user 表中对应权限值为"Y"，则该用户对所有数据库的该权限值都为"Y"，无须检查 db 表、tables_priv 表及 columns_priv 表；如果权限值为"N"，则需检查 db 表中该用户对应的具体数据库。

其次，检查用户在 db 表中的权限。如果权限值为"Y"，则该用户取得该数据库的该权限；如果权限值为"N"，则需检查 tables_priv 表中的权限。

再次，检查 tables_priv 表中此数据库对应的具体表的权限。如果权限值为"Y"，则该用户取得该数据库的该权限；如果权限值为"N"，则需检查 tables_priv 表中的权限。

最后，检查 columns_priv 表中具体列的权限。如果权限值为"Y"，则该用户取得该列的该权限；如果权限值为"N"，则说明该用户不具备该权限。

通过 select 语句可查看相应表中的各权限值，并检查用户是否具有相应权限，语句如下。

```
select * from 表名 where user='用户名' and host='主机';
```

2. 数据库单用户管理

在 MySQL 数据库中，管理员（用户名为"root"）有着最高权限，可以实现对数据库的管理。数据库管理系统中存储着多个数据库、数据表和记录。对这些信息的权限管理尤为重要，不同的用户可以设置不同的访问权限，包括对某台数据库服务器的访问权限、对某个数据库的访问权限、对某个表的访问权限等。管理员需要对不同的用户赋予不同的权限。

（1）创建用户和密码

创建用户和密码，执行如下语句。

```
create user '用户名'@'主机' identified by [password] '密码';
```

上述语句中各字段说明如下。

- 用户名：创建的用户名。
- 主机：指定该用户能够登录的主机（IP 地址、网段、主机名），localhost 表示本地用户，通配符"%"表示允许任意主机登录。
- 密码：可设置为 3 种类型，分别为无密码、明文密码和加密密码。如果省略"identified by [password] '密码'"，则表示不设置密码；如果直接在"密码"处输入设置的密码，则表示使用自动加密的明文密码。

（2）查看用户信息

查看保存在 MySQL 数据库中的 user 表中的用户信息，执行如下语句。

```
use mysql;
select user,authentication_string,host from user where user like '用户名';
```

上述语句中各字段说明如下。

- user：用户名。
- authentication_string：用户密码。
- host from user：用户主机，表示允许用户登录的主机。

（3）重命名用户

对用户进行重命名，执行如下语句。

```
rename user '用户名'@'主机' to '用户名'@'主机';
```

上述语句中各字段说明如下。

- 第一个用户名和主机：原来的用户名和允许用户登录的主机。
- 第二个用户名和主机：重命名之后的用户名和允许用户登录的主机。

（4）删除用户

删除已创建的用户，执行如下语句。

```
drop user '用户名'@'主机';
```

上述语句中各字段说明如下。

- 用户名：要删除的用户，可以删除一个或多个用户。
- 主机：语句中若未明确给出具体主机，则默认为通配符 "%"。

（5）修改当前用户密码

对当前用户的密码进行修改，执行如下语句。

```
set password = password('新密码');
```

（6）修改其他用户密码

对其他用户的密码进行修改，执行如下语句。

```
alter user '用户名'@'主机' identified by '新密码';
```

3. 数据库单用户权限变更

对数据库用户的权限管理操作主要有 3 种，即授予权限、查看权限和撤销权限，可通过相应的语句实现。

（1）授予权限

可通过执行如下 grant 语句实现权限的授予。

```
grant 授权列表 on 数据库名.表名 to '用户'@'主机' identified by '密码';
```

在上述 grant 语句中，若指定的用户名不存在，那么 grant 语句会创建新用户；若指定的用户名存在，那么可以通过 grant 语句修改该用户的信息。各字段说明如下。

- 权限列表：列出对该用户授予的各种数据库操作权限，以逗号分隔，如 select、insert、create 等。若权限列表使用 "all"，则表示授予该用户所有数据库操作权限。
- 数据库名.表名：指定授权操作的数据库和表的名称，可使用通配符 "*" 表示所有数据库和表。
- '用户'@'主机'：指定用户名和允许访问的主机地址，主机可使用域名、IP 地址或通配符 "%"，其中通配符表示某个区域或网段内的所有地址。
- identified by '密码'：设置用户在连接数据库时使用的密码字符串，若省略该部分，则用户密码为空。

另外，在对权限进行调整之后，执行如下语句进行刷新。

```
flush privileges;
```

（2）查看权限

通过 show 语句对数据库用户权限进行查看，执行如下语句。

```
show grants for '用户'@'主机';
```

（3）撤销权限

通过 revoke 语句实现对用户权限的撤销，执行如下语句。

```
revoke 权限列表 on 数据库名.表名 from '用户'@'主机';
```

与授予权限相同，在对权限进行调整之后，需要执行 flush privileges 语句进行刷新。

4．root 用户密码重置

如果管理员忘记了 root 用户的密码，那么可通过如下操作查看 root 密码或对 root 密码进行重置。

（1）在命令提示符窗口中使用如下命令停止 MySQL。

```
net stop mysql
```

（2）在 MySQL 的安装路径下，以不检查权限的方式启动 MySQL，使用如下命令。

```
mysqld --skip-grant-tables
```

（3）在另一个命令提示符窗口中，使用如下命令，先进入 MySQL 的安装路径，再进入数据库。

```
mysql -uroot -p
```

（4）使用 update 语句实现 root 用户密码的修改。

```
update mysql.user set authentication_string=password('新密码') where user='root'
and host='localhost';
```

5.2.2 数据库备份及还原

1. 数据库备份

在生产环境中，数据库可能由于各种各样的意外导致数据丢失，如硬件故障、软件故障、自然灾害、黑客攻击、误操作等。为了确保数据在丢失后能够得到恢复，数据库需定期进行备份。因此，做好数据库的备份是数据库日常运行监控中的重要工作之一。

（1）备份数据类型

一般来说，需要进行备份的数据类型有数据、二进制日志、InnoDB 事务日志、代码（存储过程、存储函数、触发器、时间调度器）、服务器配置文件等。

（2）数据备份分类

根据备份数据集、数据库在备份时的运行状态、数据库中数据的备份方式等不同的分类方法，数据备份可分成不同的类型。

① 完全备份和部分备份

根据备份数据集，数据备份可分为完全备份和部分备份。

完全备份是指备份整个数据集（整个数据库），部分备份是指备份部分数据集。其中，部分备份又可分成增量备份和差异备份。增量备份是指备份自上一次备份（增量或完全）以来变化的数据，其优点是节约空间，缺点是还原起来较为麻烦；差异备份是指备份自上一次完全备份以来变化的数据，优点是还原起来比增量备份简单，缺点是浪费空间。

② 热备份、温备份和冷备份

根据数据库在备份时的运行状态，数据备份可分为热备份、温备份和冷备份。

热备份是指在进行备份的时候，数据库的读写操作均不受影响；温备份是指在进行备份的时候，数据库的读操作可执行，而写操作不可执行；冷备份是指在进行备份的时候，数据库的读写操作均不可执行，即数据库需要下线。

③ 物理备份和逻辑备份

根据数据库中数据的备份方式，数据备份可分为物理备份和逻辑备份。

物理备份通常是指通过"tar""cp"等命令直接打包复制数据库的数据文件；逻辑备份通常是指通过特定工具从数据库中导出数据并另存备份。与物理备份相比，逻辑备份有可能会丢失数据精度。

（3）备份和还原策略

在备份和还原数据时，用户应根据不同的应用场景自定义使用可用资源，需要设计完善的备份策略以进行可靠的数据备份和还原，从而实现最大的数据可用性和最少的数据丢失，并兼顾维护和存储备份的成本。备份策略定义了备份的类型和频率、备份所需硬件的特性和速度、备份的测试方法、备份介质的存储位置和方法、安全注意事项等。还原策略定义了负责执行还原操作的人员、执行还原操作以满足数据库可用性和最大程度减少数据丢失的方法、测试还原的方法。

在设计有效的备份和还原策略的过程中需经过仔细的计划、实现与测试。根据还原策略，对所有组合中的备份成功实现还原，并测试还原的数据库是否具有物理一致性，只有这样备份策略才能成功生成。因此，在设计备份和还原策略时需要考虑各种因素，其中包括如下因素。

- 数据库方面的要求，尤其是对可用性和防止数据丢失或损坏的要求。
- 数据库的特性，包括大小、使用模式、内容特性以及数据要求等。
- 对资源的约束，如硬件、人员、备份介质的存储空间以及所存储介质的物理安全性等。

2. 数据库还原

与数据库备份相对应，当数据库出现故障时，数据库管理员必须按照正确的逻辑顺序对数据库中的数据进行还原。数据库的还原和恢复功能支持从整个数据库、数据文件或数据页的备份中还原数据。

对数据库备份的还原称为"数据库完整还原"是指还原和恢复整个数据库。在还原和恢复操作期间，数据库处于脱机状态。对数据文件的还原称为"文件还原"，是指还原和恢复一个或一组数据文件。在文件还原过程中，该文件所在文件组会自动变为脱机状态，进行任何访问脱机文件组的尝试都将导致错误。对数据页的还原称为"页面还原"，是指在完整恢复模式或大容量日志恢复模式下对单个页面的还原。无论文件组数量是多少，任何数据库都可以实现页面的还原。

（1）数据还原分类

在遇到误删库、误删表、误删列、表空间损坏或出现坏块等场景时，需要从备份中还原数据。由于不是所有场景下丢失的数据都能得到完整的恢复，因此数据还原可根据应用场景分为可逆恢复与不可逆恢复两类。

可逆恢复可利用 binlog 进行回滚，通常应用于误删数据文件的场景。不可逆恢复，也就是 DDL（Data Defintion Language，数据库模式定义语言），通常应用于误删库、误删表、表空间损坏或出现坏块等场景。

（2）数据还原原理

如果数据备份在远程机器双向备份，则需进行完全备份的恢复。首先将备份数据复制到目标机器上，其次解压缩文件（apply redo log），接着更改文件权限，最后启动实例。

根据备份方案，增量数据的恢复需要通过 binlog 实现。增倍恢复的操作过程如下。

第一步，确定需要恢复的起始点，即全备对应的 binlog 位点；第二步，解析主库的 binlog，确定误删数据的位点，并将其作为恢复的终点；第三步，利用"mysqlbinlog —start-position —stop-position+管道"的方式，将 binlog 恢复到目标实例上。

（3）数据库还原步骤

如果执行文件还原，那么数据库引擎要先创建所有丢失的数据库文件，再将数据从备份设备复制到数据库文件中。如果执行数据库还原，那么数据库引擎要先创建数据库和事务日志文件，再从数据库的备份介质中将所有数据、日志和索引页复制到数据库文件中，最后在恢复过程中应用事务日志。

无论通过哪种方式还原数据，在恢复数据库之前，数据库引擎都将保证整个数据库在逻辑上的一致性。例如，要还原一个文件，需要使该文件前滚足够长度，以便与数据库保持一致，从而实现文件的恢复和联机。

（4）逻辑恢复与物理恢复

基于不同的数据备份方法，逻辑恢复的方法有 mysqldump、mysqladmin、source、mysqlimport、load data infile、alter table '表名' import tablespace 等；物理恢复的方法有直接复制目录的备份、ibbackup、Xtrabackup、MEB 等。

📖 任务实施

1. 数据库账号管理

智慧园区数字化监控系统数据库名为 "dms（digital monitoring system）"，在 DMS 数据库中存在名为 "employee_dms" 的数据表，在 employee_dms 表中存储着两个员工 LEA 与 LEB。employee_dms 表结构如图 5-2-1 所示。

名	类型	长度	小数点	不是 null	虚拟	键	注释
id	int	10	0	☑	☐	🔑1	
name	varchar	100	0	☑	☐		
mobile	varchar	40	0	☑	☐		
entry_date	date	0	0	☐	☐		

图 5-2-1 employee_dms 表结构

（1）用户创建

创建一个本地用户 LE_1 和一个主机为 192.168.1.112 的用户 LE_2。其中，用户 LE_1 不设置密码，用户 LE_2 设置密码为 "123"。执行如下语句。

```
create user 'LE_1'@'localhost';
create user 'LE_2'@'192.168.1.112' identified by '123';
```

语句执行结果如图 5-2-2 所示。

图 5-2-2 用户创建

（2）用户查看

创建的用户保存于 MySQL 数据库的 user 表中，使用 select 语句查看 user 表中的信息。首先，执行如下语句查看当前用户（root）权限范围内的数据库。

```
show databases。
```

在执行上述语句之后可看到，当前 root 用户权限范围内的数据库包括系统默认的 information_schema、mysql、performance_schema、sys 数据库，以及创建的 dms 数据库，如图 5-2-3 所示。

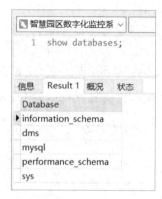

图 5-2-3　查看用户权限范围内的数据库

然后，执行如下语句，查看 user 表中的数据。

```
use mysql;
select user,authentication_string,host from user;
```

在执行上述语句之后，可查看创建的用户 LE_1 和 LE_2 的用户名、加密后的密码、主机信息，如图 5-2-4 所示。

图 5-2-4　用户信息查看

（3）用户重命名

将用户 LE_1 的用户名改为 "LE_Company"，执行如下语句。

```
rename user 'LE_1'@'localhost' to 'LE_Company'@'localhost';
```

在成功执行上述语句之后，使用 select 语句查看用户 LE_1，可看到它已被重命名为 "LE_Company"，如图 5-2-5 所示。

图 5-2-5　用户重命名

（4）用户密码修改

由于用户 LE_2 的密码过于简单，因此根据园区数据库管理要求，需将其密码修改为包含中、英文两种类型字符的密码，此处将用户 LE_2 的密码改为"admin123"，执行如下语句。

```
alter user 'LE_2'@'192.168.1.112' identified by 'admin123';
```

在执行上述语句之后，用户 LE_2 的密码成功改为"admin123"，如图 5-2-6 所示。

图 5-2-6　修改用户 LE_2 的密码

（5）用户删除

假如 LE_Company 用户不再使用，可使用如下 drop 语句进行删除。

```
Drop user 'LE_Company'@'localhost';
```

在成功执行上述语句之后，可查看 user 表中用户 LE_Company 的记录已不存在，如图 5-2-7 所示。

图 5-2-7　删除用户 LE_Company

（6）root 用户密码重置

假如忘记了 root 用户的密码，可通过如下方法进行密码重置。

首先，使用管理员身份打开命令提示符窗口，执行如下命令停止 MySQL。

```
net stop mysql;
```

执行如下命令，切换到 MySQL 的安装路径 "C:\Program Files\MySQL\mysql-5.7.32-win64\bin"。

```
cd C:\Program Files\MySQL\mysql-5.7.32-win64\bin
```

在安装路径下，执行如下命令跳过授权表。

```
mysqld --skip-grant-tables
```

保留该命令提示符窗口，使用管理员身份重新打开一个命令提示符窗口，切换到 MySQL 的安装路径（同上），执行如下命令进行数据库登录。

```
mysql -uroot -p;
```

在执行上述命令之后出现了 "Enter password:" 提示输入密码，可直接按 "Enter" 键跳过授权表登录。在登录 MySQL 之后，使用如下语句即可重置 root 用户的密码为 "123456"。

```
update mysql.user set authentication_string=password('123456') where user='root' and host='localhost';
```

在执行上述语句之后，提示 "Query OK"，表示 root 用户密码修改成功，如图 5-2-8 所示。

图 5-2-8　重置 root 用户密码

重新启动 MySQL，即可使用密码 "123456" 成功实现数据库的连接和登录。

（7）用户权限授予

使用如下 grant 语句授予用户 LE_2 对 employee_dms 表进行 select、insert、update、delete 操作的权限，并进行权限的刷新。

```
grant select,insert,update,delete on dms.employee_dms to 'LE_2'@'192.168.1.112' identified by 'admin123';

flush privileges;
```

上述语句执行成功的结果如图 5-2-9 所示。

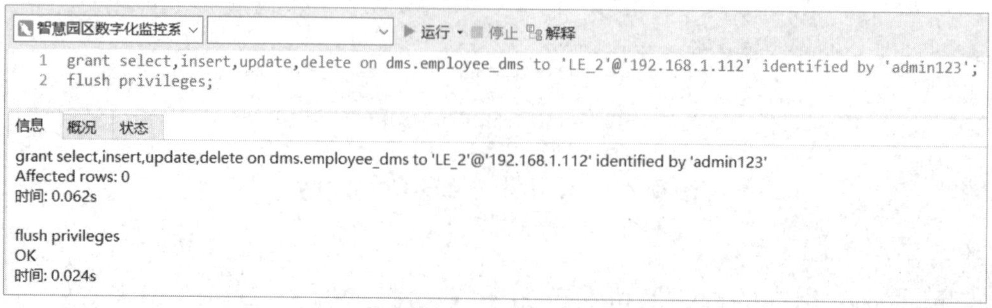

图 5-2-9　用户权限授予

（8）用户权限查看

执行如下语句查看用户 LE_2 的权限。

```
show grants for 'LE_2'@'192.168.1.112';
```

在执行上述语句之后，查看用户 LE_2 当前的权限如图 5-2-10 所示。

图 5-2-10　用户权限查看

（9）用户权限撤销

现仅需保留用户 LE_2 对 employee_dms 表进行 select 操作的权限，执行如下 revoke 语句，撤销其 insert、update 和 delete 权限。

```
revoke insert,update,delete on dms.employee_dms from 'LE_2'@'192.168.1.112';
flush privileges;
```

上述语句执行成功的结果如图 5-2-11 所示。

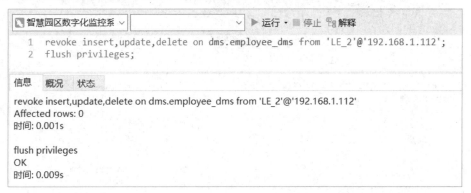

图 5-2-11　用户权限撤销

执行 show 语句查看当前用户 LE_2 的权限，可以发现 insert、update 和 delete 权限已成功撤销，如图 5-2-12 所示。

图 5-2-12　权限撤销后的用户权限查看

2. 数据库备份与还原

为了防止数据丢失，数据库管理员需定期对数据库进行备份操作，并掌握还原备份数据的方法。

（1）数据库备份

Navicat 对数据库的备份方式有两种，一种是以 SQL 保存，另一种是保存为备份。

① 以 SQL 保存

采用转储 SQL 文件的方式将 SQL 文件的结构和数据进行备份。具体操作如下。

在"Navicat Premium"界面的左侧窗格中找到并右击需要备份的数据库"dms"，在弹出的快捷菜单中选择"转储 SQL 文件"→"结构和数据"命令，在弹出的对话框中设置保存位置为"C:\智慧园区数字化监控系统数据库\数据库备份"，"文件名"为"dms_backup"，单击"保存"按钮开始转储，如图 5-2-13 所示。

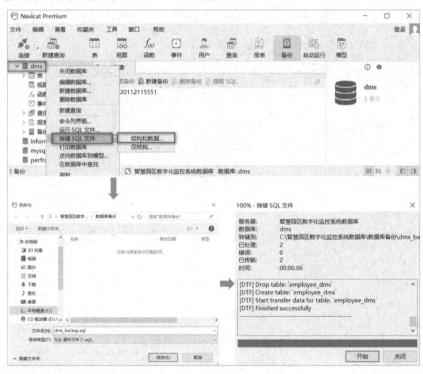

图 5-2-13　以 SQL 保存

② 保存为备份

直接使用 Navicat 的备份功能进行备份，具体操作步骤如下。

在"Navicat Premium"界面的左侧窗格中选择需要备份的数据库，单击工具栏中的"备份"按钮，单击"新建备份"按钮，在弹出的"新建备份"对话框中单击"开始"按钮进行保存，如图 5-2-14 所示。

在执行上述操作之后，可看到存在一个以备份时间命名的备份文件（.nb3 格式），右击该文件，在弹出的快捷菜单中选择"重命名"命令，将其重命名为"dms_backup_save"，如图 5-2-15 所示。

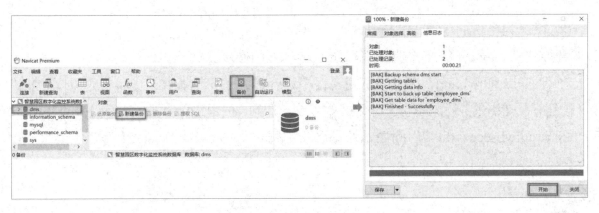

图 5-2-14　保存为备份

图 5-2-15　备份重命名

（2）数据库还原

为了进行数据库还原的测试，建议先删除 dms 数据库，并新建 dms2 数据库，或者先删除数据库中的 employee_dms 表，再进行还原的操作。

根据 Navicat 对数据库的两种备份方式，对其还原的方式也各不相同。

① 还原 SQL 备份文件

在"Navicat Premium"界面的左侧窗格中找到需要备份的 dms2 数据库，右击该数据库，在弹出的快捷菜单中选择"运行 SQL 文件"命令，在弹出的"运行 SQL 文件"对话框中找到 SQL 备份文件"dms_backup.sql"，单击"打开"按钮，单击"开始"按钮，在弹出的对话框中显示"[SQL]Finished successfully"则表示运行完成，如图 5-2-16 所示。

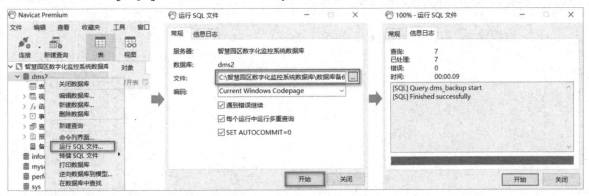

图 5-2-16　还原 SQL 备份文件

② 保存为备份的还原

直接使用 Navicat 的还原功能进行还原，具体操作步骤如下。

在"Navicat Premium"界面的左侧窗格中选择需要备份的数据库，单击工具栏中的"备份"按钮，在弹出的"还原备份"对话框中单击"开始"按钮进行还原，显示"[Msg]Finished-Backup restored successfully"则表示还原备份完成，如图 5-2-17 所示。

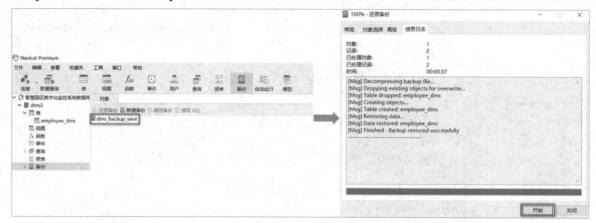

图 5-2-17　直接使用 Navicat 备份还原

在"Navicat Premium"界面的左侧窗格中选择"dms2"→"表"选项，可查看 employee_dms 表及表中记录均还原成功，如图 5-2-18 所示。

图 5-2-18　employee_dms 表还原成功

🏛 任务小结

本任务介绍了数据库账号管理及权限、数据库备份及还原的相关知识和操作，并通过在 Windows Server 2019 操作系统上的 Navicat 中进行实际数据库账号管理、备份与还原的具体操作，使学生通过理论联系实际，掌握数据库日常运行监控的基本知识与方法。

本任务知识结构思维导图如图 5-2-19 所示。

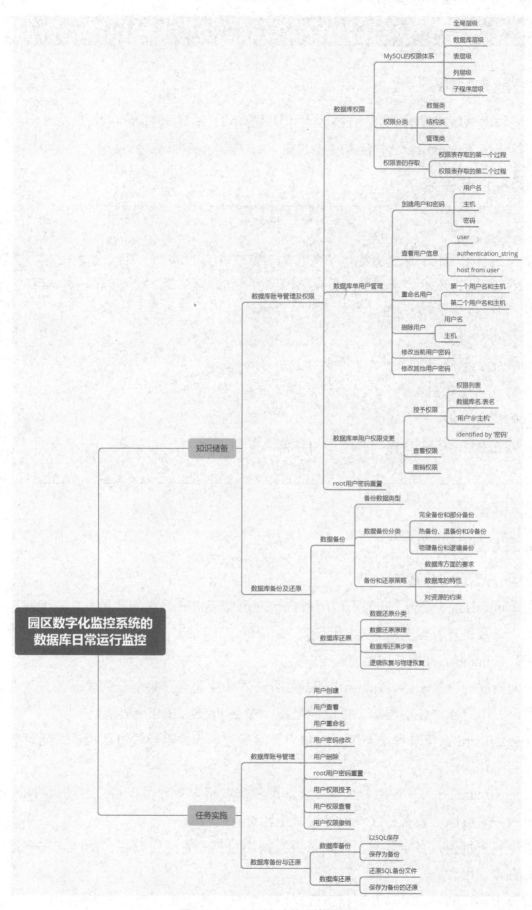

图 5-2-19 知识结构思维导图

任务3　园区数字化监控系统的 AIoT 平台日常运行监控

职业能力目标

- 能根据 AIoT 平台日常运行监控要求，完成审计日志的监控。
- 能根据 ThingsBoard 平台 API 使用情况，完成 Api Usage 的监控。

任务描述与要求

任务描述：

N 园区在 AIoT 平台上搭建了智慧园区数字化监控系统，要求运维人员每日完成 ThingsBoard 实体审计日志以及各类 API 使用情况的监控，除了查看各类 API 每小时的使用最大值，还要查看最近一周内每日遥测数据的平均存储天数。

任务要求：

- 完成智慧园区客户与用户的创建。
- 完成智慧园区数字化监控系统审计日志的监控。
- 完成 AIoT 平台各类 API 使用最大值的监控。
- 完成 AIoT 平台遥测数据平均存储天数的查看。

知识储备

5.3.1　审计日志

1. 租户管理员与客户

在 ThingsBoard 平台上，为了使用租户管理员实现审计日志的监控，应先了解平台的用户体系，以及租户管理员对客户的管理。

（1）ThingsBoard 用户体系

作为物联网管理平台，ThingsBoard 的用户体系从顶层到底层分为平台系统管理员、租户、客户、用户 4 个使用层级，可以满足绝大多数 PaSS、SaSS 化场景。

ThingsBoard 系统管理员不仅可对租户及其配置、部件组模块进行操作，还可对系统进行一些定制化操作。

ThingsBoard 可入驻各种企业或个人，即租户或租户管理员。租户可使用 ThingsBoard 平台的服务对资产、设备、仪表板等模块资源进行管理。

每个租户可创建多个客户，客户可直接使用租户配置好的设备、资产。客户是资产、设备的直接使用者。

归属于客户的用户可以看到相应客户所分配资源的数据、监控和告警。

（2）客户与用户管理

ThingsBoard 租户管理员具有管理客户资产、设备和仪表板的权限。其中，客户"Public"是 ThingsBoard 平台为租户管理员配置的默认公共客户，无法删除。租户管理员可根据实际需求自行创建、删除客户。在管理客户用户界面中，可查看客户的创建时间、名字、姓和电子邮件，还可使用用户账户登录 ThingsBoard 平台。

客户与用户可对所分配到的资产、设备、仪表板等资源的数据、监控和告警进行查看，如图 5-3-1 所示。

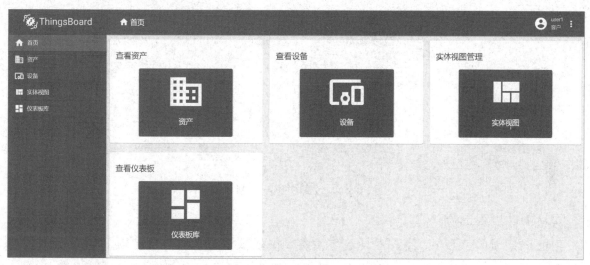

图 5-3-1　ThingsBoard 客户与用户

（3）分配资产、设备、仪表板

由于 ThingsBoard 租户管理员具有对客户资产、设备和仪表板的管理权限，因此他可以将该资源分配给指定客户，同一客户下的所有用户同样会被分配到相同的资源，切换到用户账户中即可查看，但无法进行编辑。

如果要撤回用户查看指定资源的权限，那么租户管理员可取消已分配给客户的资源，用户在切换到用户账户之后便无法查看已取消的资源。

2. 审计日志

ThingsBoard 平台为租户提供了跟踪用户操作以保留审计日志的功能，记录了与资产、设备、仪表板、规则链等主要实体相关的用户操作。

（1）设置日期范围

租户管理员能够设置审计日志的时间范围，单击审计日志管理界面左上角的"最后天"按钮，设置默认时间为 1 天。可设置的时间范围有两种，一种是指定最近一段时间，另一种是指定固定时间段。

若要查看最近一段时间范围内的审计日志，则可选时间范围有从"1 秒"到"30 天"多种时长的选项；若要对审计日志的时间段进行更精确的设置，则可通过高级设置实现时间范围的自行设置，并精确到秒，如图 5-3-2 所示。

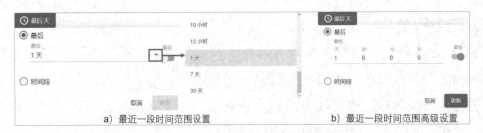

a) 最近一段时间范围设置　　　　b) 最近一段时间范围高级设置

图 5-3-2　最近一段时间范围设置

若要查看固定时间范围内的审计日志，则需要分别设置日期和时间的起始点，如图 5-3-3 所示。

图 5-3-3　固定时间范围设置

（2）审计日志信息

在租户管理员、客户、用户对资产、设备、仪表板、规则链等主要实体进行相关操作之后，"审计日志"界面将生成一条该操作的审计日志，包含时间戳、实体类型（设备、资产、仪表板、客户、用户等）、实体名称、用户、类型（添加、删除、分配给客户、Login、Logout 等）、状态（成功、失败）、详情等信息，如图 5-3-4 所示。

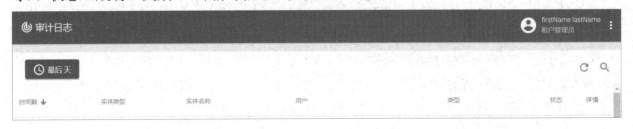

图 5-3-4　审计日志信息

租户管理员通过查看审计日志记录的信息，可实现对 AIoT 平台实体操作的监控，不仅能监控租户管理员的操作记录，还能监控所创建的客户、用户的操作记录，从而实现对平台日常运行的监控。

（3）审计日志详情

每条审计日志都记录了其相应操作的活动数据详情，单击"详情"列中的"…"图标，可查看该操作的审计日志详情。

审计日志详情根据不同的操作记录了不同的活动数据，以键-值对的形式呈现。不同的操作体现的活动数据不尽相同，主要分为 5 种。

● 添加实体：活动数据体现实体 ID、名称、创建时间等创建实体时生成的信息。

- 删除实体：活动数据仅体现实体 ID 的信息。
- 将实体分配给客户或取消分配给客户：活动数据体现实体 ID、分配或取消分配的客户 ID 与名称。
- 更新客户信息：活动数据体现实体类型、实体 ID、创建时间、标题等更新后的客户信息。
- 客户、用户登录或退出：活动数据体现客户、用户使用的 IP 地址、浏览器、操作系统和设备。

5.3.2 Api Usage

1. API 使用

（1）API 概述

API（Application Programming Interface，应用程序接口）是指预先定义的接口，如 HTTP 接口，或软件系统各组成部分之间衔接的约定。

对于租户管理员，ThingsBoard 平台提供了 Api Usage 的功能，通过该功能可以监控、统计 API 的使用情况。在默认状态下，API 和速率限制的状态为禁用。如果需要限制单个时间单位内来自单个主机、设备或租户的请求数量，则可使用 ThingsBoard 平台提供的 API 和速率限制功能。系统管理员可通过"thingsboard.yml"文件对速率限制功能进行配置。

① REST API 限制

各种 UI 组件均调用了 REST API，还有可能使用一些由租户、客户或用户编写的自动化脚本。通过限制租户或客户的 API 调用数量，可在一定程度上避免因自定义窗口小部件或脚本错误出现的服务器超载现象。通过配置 REST API 限制可实现启用和禁用租户级限制、环境性能最大值的设置，即每秒、每分钟的最大请求数。

② Websocket 限制

Websocket 可将设备的实时遥测数据传送给仪表板。

在配置 Websocket 限制时可设置以下内容：WebSocket 消息成功传送到客户端的最大时长、等待传送到客户端的消息数量的最大值、每次实体活动连接的最大值、环境属性中所有实体会话所控制活动订阅的最大值、每次会话中服务器传送到客户端的消息更新次数的最大值。

③ 数据库速率限制

通过设置 REST API 的调用数量来限制用户可能会产生多个数据库查询，规则链在进行消息处理期间也可能引起多个查询，且在单个遥测上传过程中还会导致查询操作将数据写入数据库。由系统管理员对数据库速率限制功能进行配置可以很好地解决上述问题。

④ 传输速率限制

通过对传输速率限制功能的配置，能够限制单个设备或租户从所有设备中接收的消息量。在将消息推送到规则引擎上之前，传输速率限制适用于传输级别。通过配置传输速率限制功能可以设置环境属性中来自所有租户设备的最大消息数、环境属性中来自单个设备的最大消息数。

（2）Api Usage 监控界面

在 Api Usage 监控界面中，可直观地看到 Transport、Rule Engine、JavaScript functions、Telemetry persistence、Email messages、SMS messages 这 6 个模块的监控数据。各个模块呈现了数据在不同时间段的活动情况，以小时为单位记录，如图 5-3-5 所示。通过单击每个模块右上角的"view details"图标，可查看分别以天和月为单位进行记录的监控数据。

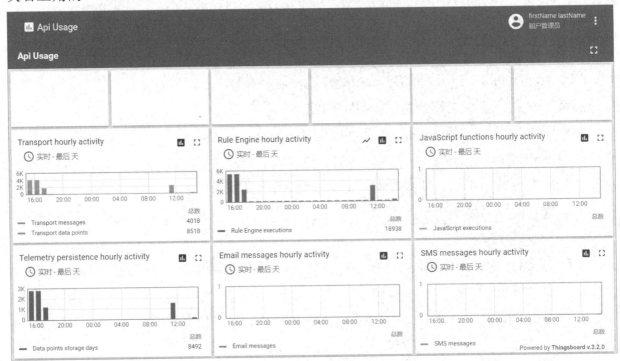

图 5-3-5　Api Usage 监控界面

ThingsBoard 平台不仅为 Api Usage 提供了监控功能，还提供了数据聚合的功能，如计数、求和，以及计算平均值、最大值、最小值等。

2．API 使用统计

（1）Transport

Transport 是 ThingsBoard 平台中 CoAP、HTTP、MQTT 这 3 种消息的传输服务启动器，使用的传输接口（API）可用于消息传输通道服务的实现，供客户端的传输层使用。ThingsBoard 租户管理员可分别在 Api Usage 监控界面和 Transport 详情界面中观察到最近24 小时、最近 1 个月和最近 1 年内消息传输服务启动器的消息数和数据点数。

（2）Rule Engine

Rule Engine 是 ThingsBoard 平台自行开发的规则引擎，包含 3 个组件和 1 套规则引擎的服务接口（API）。ThingsBoard 租户管理员可分别在 Api Usage 监控界面和 Rule Engine 详情界面中观察到最近 24 小时、最近 1 个月和最近 1 年内规则引擎的执行动作数。另外，在 Rule Engine 的统计界面中，还可查看规则引擎的队列状态（Queue States）、处理失败和超时（Processing Failures and Timeouts）以及异常（Exceptions）的详细数据。

（3）JavaScript functions

在 ThingsBoard 平台中，部件相关的业务逻辑都是在 JavaScript 面板中编写的，每一个部件都对外提供了一个 self 对象，定义了一些必要的 API 和数据访问接口。ThingsBoard 租户管理员可分别在 Api Usage 监控界面和 JavaScript functions 详情界面中观察到最近 24 小时、最近 1 个月和最近 1 年内 JavaScript 函数的执行动作数。

（4）Telemetry persistence

Telemetry persistence 指的是遥测数据的持久性，即遥测数据存储的天数。数据通过遥测上传接口（API）发布到 ThingsBoard 服务器节点中。ThingsBoard 租户管理员可分别在 Api Usage 监控界面和 Telemetry persistence 详情界面中观察到最近 24 小时、最近 1 个月和最近 1 年内遥测数据的存储天数。

（5）Email messages

Email 即电子邮件，ThingsBoard 租户管理员可分别在 Api Usage 监控界面和 Email messages 详情界面中观察到最近 24 小时、最近 1 个月和最近 1 年的 Email 消息数。

（6）SMS messages

SMS 即短信息服务，ThingsBoard 租户管理员可分别在 Api Usage 监控界面和 SMS messages 详情界面中观察到最近 24 小时、最近 1 个月和最近 1 年的 SMS 消息数。

📖 任务实施

1. 审计日志监控

（1）搭建智慧园区数字化监控系统

首先，参照项目 2 任务 1 在 AIoT 平台虚拟仿真界面中导入的仿真图；其次，参照项目 2 任务 2 在 ThingsBoard 平台上新增的网关设备"智慧园区数字化监控系统网关"；再次，在虚拟机终端上修改"tb-gateway.yaml"文件中的网关设备访问令牌，并修改"modbus_serial.json"文件，重启 tb-gateway 容器；最后，刷新设备管理界面即可查看所有设备。至此，智慧园区数字化监控系统搭建完成。

（2）新增客户和客户用户

在客户管理界面中，新增智慧园区客户，具体操作步骤如下。

单击右上角的"+"图标添加客户，在"标题"文本框中输入"智慧园区客户"，单击"添加"按钮。在客户管理界面中即可看到新增的客户，如图 5-3-6 所示。

图 5-3-6　新增智慧园区客户

单击智慧园区客户右侧的"⊖"图标，进入客户用户管理界面，新增该客户下的用户，具体操作步骤如下。

单击 "+" 图标添加用户，在"电子邮件"文本框中输入"user1@thingsboard.org"，在"名字"文本框中输入"user1"，单击"添加"按钮，在弹出的"用户激活连接"对话框中单击"确定"按钮。至此，用户 user1 新增完成。用同样的方法新增用户 user2，邮箱为"user2@thingsboard.org"，新增完成后的界面如图 5-3-7 所示。

图 5-3-7　新增智慧园区客户用户

（3）分配设备给客户

在设备管理界面中勾选除网关之外的所有设备的复选框，并将其分配给智慧园区客户，具体操作步骤如下。

勾选所有传感器和执行器设备的复选框，单击"▣"图标分配设备，在弹出的对话框中选择"智慧园区客户"选项，单击"分配"按钮。如图 5-3-8 所示。

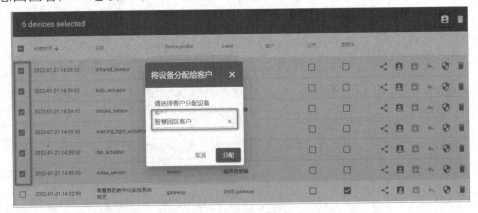

图 5-3-8　将设备分配给客户

（4）查看客户用户的账户

在客户用户管理界面中，单击 user1 用户右侧的"➡"图标，即可使用 user1 的账户登录 ThingsBoard 平台，如图 5-3-9 所示。

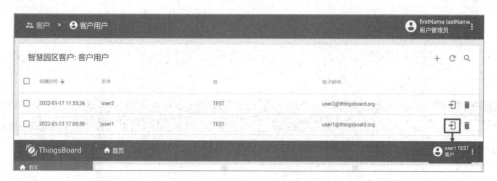

图 5-3-9　使用客户用户的账号登录 ThingsBoard 平台

进入智慧园区客户设备界面，可查看租户管理员 user1 所在的客户"智慧园区客户"分配的所有设备。如果切换至 user2 账户，也可查看相同的设备，如图 5-3-10 所示。

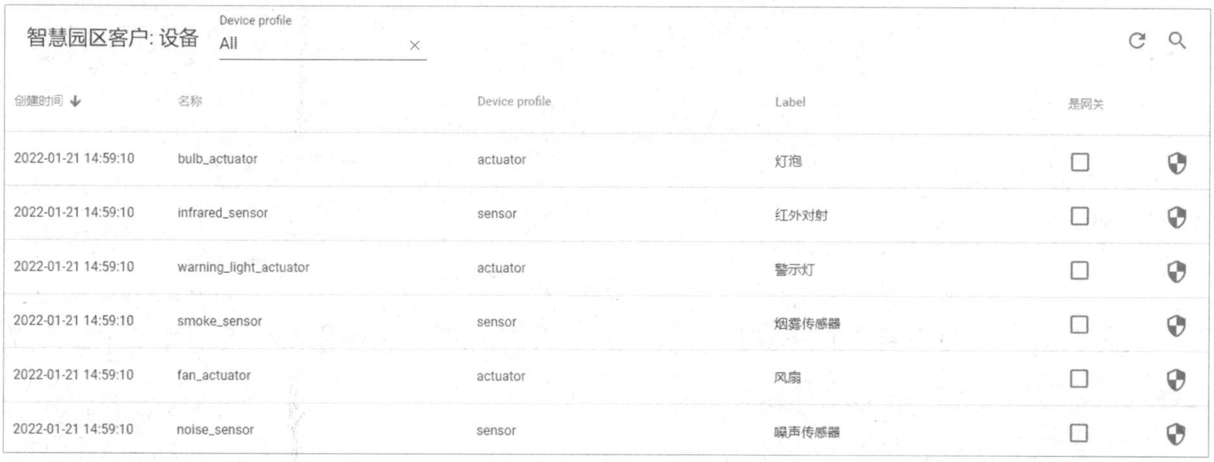

智慧园区客户: 设备	Device profile All ✕			是网关	
创建时间 ↓	名称	Device profile	Label		
2022-01-21 14:59:10	bulb_actuator	actuator	灯泡	☐	🛡
2022-01-21 14:59:10	infrared_sensor	sensor	红外对射	☐	🛡
2022-01-21 14:59:10	warning_light_actuator	actuator	警示灯	☐	🛡
2022-01-21 14:59:10	smoke_sensor	sensor	烟雾传感器	☐	🛡
2022-01-21 14:59:10	fan_actuator	actuator	风扇	☐	🛡
2022-01-21 14:59:10	noise_sensor	sensor	噪声传感器	☐	🛡

图 5-3-10　智慧园区客户设备界面

单击客户用户右侧的下拉菜单按钮，选择"注销"命令，即可退出当前客户用户的账户，如图 5-3-11 所示。

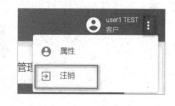

（5）设置审计日志时间范围

进入审计日志管理界面，设置查看最近 1 天内的审计日志，具体操作步骤如下，

图 5-3-11　退出客户用户账户

单击"最后 天"按钮，选中"最后"单选按钮，选择"1 天"选项，单击"更新"按钮，如图 5-3-12 所示。

图 5-3-12　设置审计日志时间范围

183

（6）查看审计日志信息

在更新审计日志时间范围之后，租户管理员可查看租户账户与客户账户在最近 1 天内的审计日志信息，如图 5-3-13 所示。

时间戳 ↓	实体类型	实体名称	用户	类型	状态	详情
2022-01-24 09:49:14	用户	user1@thingsboard.org	user1@thingsboard.org	Logout	成功	···
2022-01-24 09:48:39	设备	fan_actuator	787574100@mail.com.cn	分配给客户	成功	···
2022-01-24 09:48:39	设备	noise_sensor	787574100@mail.com.cn	分配给客户	成功	···
2022-01-24 09:48:39	设备	smoke_sensor	787574100@mail.com.cn	分配给客户	成功	···
2022-01-24 09:48:39	设备	bulb_actuator	787574100@mail.com.cn	分配给客户	成功	···
2022-01-24 09:48:39	设备	warning_light_actuator	787574100@mail.com.cn	分配给客户	成功	···
2022-01-24 09:48:39	设备	infrared_sensor	787574100@mail.com.cn	分配给客户	成功	···

图 5-3-13　审计日志信息

从图 5-3-13 中可看到审计日志所记录最近 1 天内的实体活动数据，包括用户退出登录（Logout）、将设备分配给用户等操作。

（7）查看审计日志详情

单击客户用户登录操作日志右侧的"···"图标，可查看该操作的审计日志详情，如图 5-3-14 所示。

图 5-3-14　审计日志详情

图 5-3-14 所示的活动数据含义如下。

- "clientAddress"表示用户登录的 IP 地址。
- "browser"表示用户登录使用的浏览器。
- "os"表示用户登录使用的操作系统。
- "device"表示用户使用的设备。

2. Api Usage 监控

在 Api Usage 监控界面中设置 API 使用的实时监控时间，监控最近一天内 API 的使用情况，统计各模块 API 使用最大值，并查看最近一周内遥测数据的平均存储天数。

（1）设置监控时间

进入 Api Usage 监控界面，为每个 API 模块设置监控时间，具体操作步骤如下。

单击每个模块中的"🕒"图标，在弹出的对话框中选择"实时"选项，将"最后"设置为"1 天"，单击"更新"按钮。图 5-3-15 所示为设置 Transport 模块监控时间的方法。

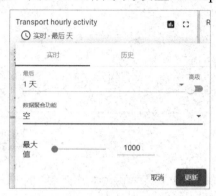

图 5-3-15　设置 Transport 模块监控时间

使用相同的方法将其余 5 个模块——Rule Engine、JavaScript functions、Telemetry persistence、Email messages、SMS messages 的监控时间均设置为"最后 1 天"。在设置完成之后可看到最近一天内各模块的实时监控情况，如图 5-3-16 所示。

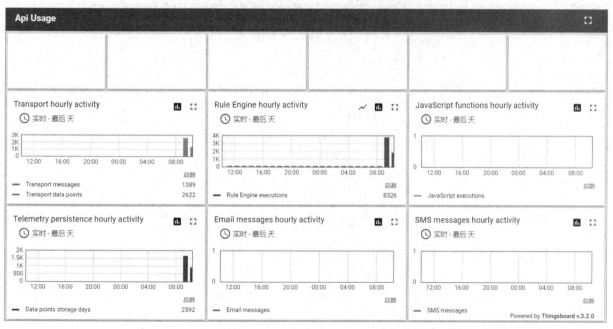

图 5-3-16　最近一天内 Api Usage 各模块的实时监控情况

（2）统计各模块 API 使用最大值

进入 Api Usage 监控界面，为每个 API 模块设置"最大值"的数据聚合功能，具体操作步骤如下。

单击每个模块中的"⏱"图标，在弹出的对话框中选择"实时"选项，将"数据聚合功能"设置为"最大值"，"分组间隔"设置为"1 小时"，单击"更新"按钮。图 5-3-17 所示为设置 Transport 模块 API 使用最大值的方法。

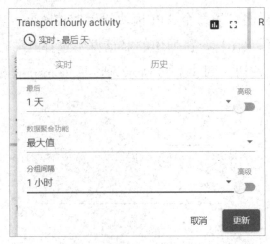

图 5-3-17　设置 Transport 模块 API 使用最大值

使用相同的方法将其余 5 个模块——Rule Engine、JavaScript functions、Telemetry persistence、Email messages、SMS messages 的"数据聚合功能"均设置为"最大值"，并将"分组间隔"均设置为"1 小时"在设置完成之后可看到最近一天内各模块 API 使用最大值的监控情况，如图 5-3-18 所示。

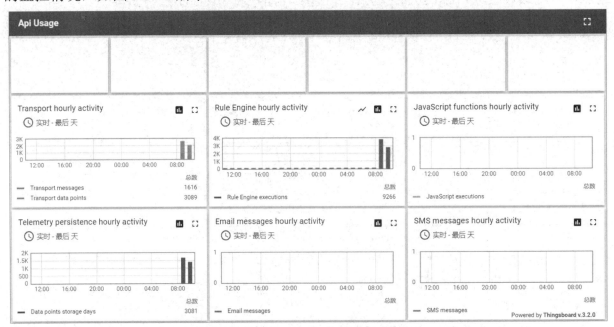

图 5-3-18　最近一天内 Api Usage 各模块使用最大值的监控情况

（3）监控遥测数据平均存储天数

在 Telemetry persistence 详情界面中可查看关于遥测数据每日存储情况的监控，通过时间编辑的对话框可设置遥测数据平均存储天数，具体操作步骤如下。

单击 Telemetry persistence 模块中的"⏱"图标，在弹出的对话框中选择"历史"选项，设置"最后"为"7 天"，"数据聚合功能"为"平均值"，"分组间隔"为"1 天"，单击"更新"按钮，如图 5-3-19 所示。

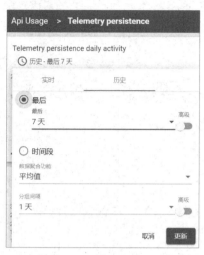

图 5-3-19　设置最近一周内 Telemetry persistence 的平均存储天数

在设置完成之后可查看最近一周内遥测数据每日的平均存储天数，单击 Telemetry persistence 模块中的"📊"图标，打开 Telemetry persistence 详情界面，如图 5-3-20 所示。

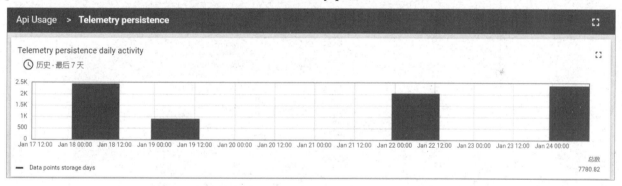

图 5-3-20　最近一周内 Telemetry persistence 的平均存储天数

📖 任务小结

本任务介绍了 ThingsBoard 用户管理体系、审计日志和 Api Usage 的相关知识与监控方法。在 AIoT 平台上，通过实际操作进行 ThingsBoard 审计日志信息与详情的查看、Api Usage 监控时间和数据聚合功能的设置，实现智慧园区数字化监控系统的 AIoT 平台日常运行监控，使学生理解并掌握 AIoT 平台日常运行监控的方法。

本任务知识结构思维导图如图 5-3-21 所示。

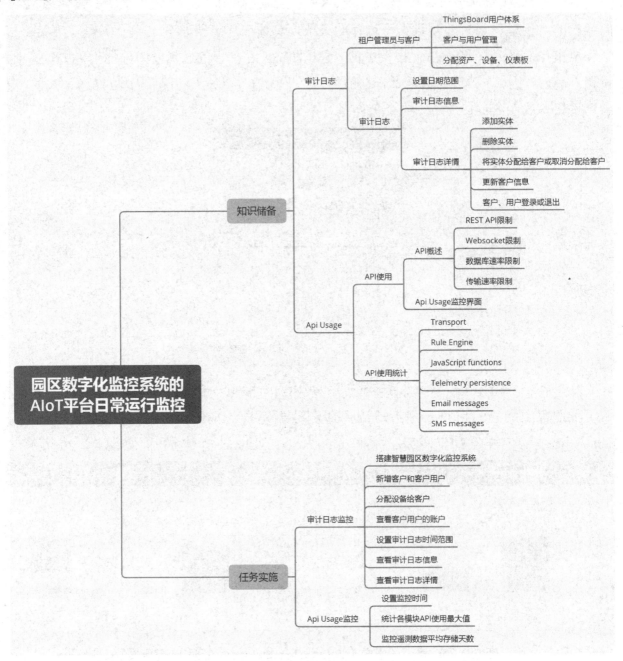

图 5-3-21　知识结构思维导图

项目 6

智慧仓储——货物分拣管理系统故障处理

引导案例

近年来，伴随着网络购物的兴起，物流公司仓库中每天有大量的货物需要进行分拣。而使用人工分拣方式不仅效率低、成本高，而且容易出错。目前，我国主要的物流公司都引进了智能化的货物分拣管理系统以满足海量货物分拣的需求。基于物联网技术的智慧仓储——货物分拣管理系统（见图 6-1-1），由货物传送子系统、分拣机器人、通信网络、物联网网关以及管理服务器组成。其中，管理服务器作为整个系统的核心部分，一旦出现故障，就会导致整个系统瘫痪，甚至造成更大范围的影响。

智慧仓储——货物分拣管理系统使用 MySQL 数据库存储海量记录，并且使用云平台实现设备状态动态可视化展示。在系统运行过程中，若服务器、数据库或虚拟机终端发生故障，则需要售后运维人员进行故障排除，以保障系统正常运行。

图 6-1-1　智慧仓储——货物分拣管理系统

任务 1　货物分拣管理系统服务器故障处理

🔭 职业能力目标

- 能根据现场服务器的故障，完成故障的分类和初步定位。
- 能针对系统设置变更导致的服务器无法启动问题，完成故障的排查和处理。
- 能针对服务器崩溃导致的数据丢失问题，完成服务器数据的备份和紧急恢复。

⏰ 任务描述与要求

任务描述：

N 公司在从 L 公司采购智慧仓储——货物分拣管理系统之后，安排工程师 NC 负责系统服务器的日常运行与维护工作，该系统服务器采用 Windows Server 2019 操作系统。工程师 NC 的主要工作内容是确保服务器的稳定运行，并对服务器出现的故障进行定位和排除。

任务要求：

- 完成故障的分类并理清常见故障的定位思路。
- 迅速完成 Windows Server 2019 服务器无法启动故障的处理。
- 迅速完成 Windows Server 2019 服务器数据丢失故障的处理。

🖥 知识储备

6.1.1　服务器故障分类及处理思路

相比于普通 PC 而言，服务器稳定性较高，然而，服务器一旦出现故障，其造成的影响会更加严重。因此，对服务器故障的快速定位和处理是对运维人员的基本要求。这里将服务器故障大致分为软件故障和硬件故障进行阐述。

1. 软件故障

服务器软件故障在服务器故障中占比最多约 70%，在解决的过程中必须深思熟虑。导致服务器出现软件故障的原因有很多，最常见的有服务器 Firmware 及 BIOS 版本问题、应用程序冲突和人为误操作。

（1）服务器 Firmware 及 BIOS 版本问题

任何一款服务器的 Firmware 及 BIOS 都会有不同程度的 BUG，因此不能错误地认为服务器的 BIOS 程序就很完善，而应该经常更新服务器的 Firmware 及 BIOS。运维人员在对服务器进行升级时应该小心谨慎，错误的升级方法会导致严重的后果。

（2）应用程序冲突

判断应用程序冲突造成的故障比较困难，要求服务器管理人员具有较为丰富的经验以及敏锐的观察力。对于此类软件故障，服务器维护人员应先查看相关日志，通过排查确认系统中是否有可疑的进程，再停止运行引发冲突的应用程序。

（3）人为误操作

另一种软件故障是人为误操作造成的，常见的人为误操作包括未按规范流程操作、人为误关机以及非正常关闭应用程序等。按照正常步骤关闭系统以及应用程序是非常重要的，尤其是 Web 服务器，在关闭过程中容易造成数据丢失故障。

2. 硬件故障

服务器硬件故障发生的概率相比软件故障要小得多，在发生硬件故障时，通常需要联系服务器厂商协助解决。在处理服务器硬件故障时，应先将故障服务器替换为备品服务器以保障系统正常运行，再尝试排除服务器的故障。将存在故障的服务器独立运行，待测试正常后才可接入网络运行。

服务器在开机阶段、上电自检阶段、安装阶段、操作系统加载阶段、系统运行阶段都有可能发生故障。不同故障现象的排除方法如下。

（1）服务器无法启动

故障排除方法如下。

- 检查电源线和各种 I/O 接线是否连接正常。
- 检查电源线后主板是否加电。
- 将服务器配置设为最小，检查短接主板开关路线是否能启动。
- 检查电源线、电源接口是否松动。
- 检查主板及其他卡槽。

（2）服务器有报警声

故障排除方法如下。

- 检查是否为内存故障。
- 检测是否为 CPU 故障。

（3）系统蓝屏

故障排除方法如下。

- 检查是否存在硬件驱动问题，尝试卸载最近安装的驱动并使用第三方工具或硬件厂商提供的驱动对其进行重新安装。
- 检查是否存在操作系统问题，尝试修复漏洞或重新安装操作系统。

在处理服务器故障时，运维人员应尝试收集故障信息，包括服务器基本信息（机器型号、机器序列号 S/N、BIOS 版本、硬件信息、安装的操作系统及版本）、故障日志及提示信息、屏幕显示的异常信息、服务器本身指示灯的状态、报警声和 BEEP CODES、NOS 的事件记录文件、Events Log 文件等。

6.1.2 服务器故障常用处理措施

接下来针对服务器启动故障、驱动程序 BUG、服务器数据丢失故障列举常见的处理措施。

1. "最近一次的正确配置"选项

当 Windows 操作系统正常启动，并且用户登录成功时，系统会将当前的系统配置存储为最近一次的正确配置。

（1）系统配置介绍

系统配置存储着设备驱动程序、服务等的相关设置，比如设备驱动程序或服务的启动条件、启动时间、相互依赖关系等。系统在启动时会根据系统配置来启动相关的设备驱动程序、服务。系统配置可分为当前的系统配置、默认系统配置及最近一次的正确配置。选择"最近一次的正确配置"选项的作用如下。

① 系统配置选择

在计算机启动时，如果用户未选择"最近一次的正确配置"选项来启动 Windows 操作系统，那么系统会利用默认系统配置来启动 Windows 操作系统，并将默认系统配置复制到当前的系统配置中。如果用户选择"最近一次的正确配置"选项来启动 Windows 操作系统，那么系统会将最近一次的正确配置复制到当前的系统配置中。

② 系统配置复制

若选择"最近一次的正确配置"选项，则在用户登录成功之后，当前的系统配置会被复制到最近一次的正确配置中。用户对系统设置的更改会被存储到当前的系统配置中。之后计算机关机或重新启动时，当前的系统配置会被复制到默认的系统配置中，并在下一次启动 Windows 操作系统时使用。

（2）适用的场合

在下列情况下，系统会选择最近一次的正确配置进行启动。

● 在安装新设备驱动程序之后导致 Windows 操作系统停止响应或无法启动。

此时可使用最近一次的正确配置来启动 Windows 操作系统，由于在最近一次的正确配置中并不包含新设备驱动程序，因此不会发生该设备驱动程序所造成的问题。

● 关键性的设备驱动程序被禁用导致系统无法正常启动。

当不慎将设备驱动程序禁用时，可以选用最近一次的正确配置来启动 Windows 操作系统，因为在最近一次的正确配置中并没有将该驱动程序禁用。

2. 服务器数据备份与恢复

服务器磁盘中存储的数据可能会因为各种人为或者非人为因素丢失，这很有可能对公司的运营或个人的工作造成重大影响。因此，服务器维护人员需要定期备份磁盘数据，防止意外事故的发生。即使数据意外丢失，也能够迅速利用备份还原数据，让系统恢复正常工作。

（1）备份方式

可通过 Windows Server Backup 功能备份服务器的磁盘数据，支持以下两种备份方式。

① 完整服务器备份

完整服务器备份会对备份服务器内所有磁盘分区（volume）内的数据进行备份，即对所有磁盘中包括 Windows Server 2019 操作系统在内的所有文件进行备份。

② 自定义备份

自定义备份可以对系统保留分区、常规磁盘分区、磁盘分区内指定的文件，以及系统状态进行备份操作；甚至可以进行裸机还原备份，即备份整个操作系统，包括系统状态、系统保留磁盘分区、安装操作系统的磁盘分区。其中，裸机还原备份可用来还原整个 Windows Server 2019 操作系统。

（2）备份执行

Windows Server Backup 功能提供以下两种备份执行方案以完成备份工作。

① 备份计划

备份计划可按照指定的日期与时间自动执行备份工作，备份数据的存储位置可以选择本机磁盘、外接式磁盘、网络共享文件夹等。

② 一次性备份

一次性备份通过手动立即执行完成单次备份工作，可选的备份数据存储位置与备份计划相同。

（3）数据恢复

通过 Windows Server Backup 功能备份的数据，同样可以通过该功能恢复。

📖 任务实施

1. 货物分拣管理系统服务器启动故障处理

货物分拣管理系统服务器上安装了一款新设备驱动程序，服务器在安装完成之后无法自动启动。工程师 NC 针对该问题，选择"最近一次的正确配置"选项进行应急处理。具体操作步骤如下。

（1）开启 Windows 启动管理器

在日常维护工作中，应通过命令将 Windows 启动管理器设置为每次服务器启动时开启。具体操作步骤如下。

使用"Win+R"组合键打开"运行"程序，输入"cmd"打开命令提示符窗口，输入如下命令开启 Windows 启动管理器，按"Enter"键。

```
Bcdedit /set {bootmgr} displaybootmenu Yes
```

（2）进入 Windows 启动管理器

在完成（1）中的操作之后，当重新启动 Windows Server 2019 时会出现"Windows 启动管理器"界面，如图 6-1-2 所示，此时按"F8"快捷键进入"高级启动选项"界面。

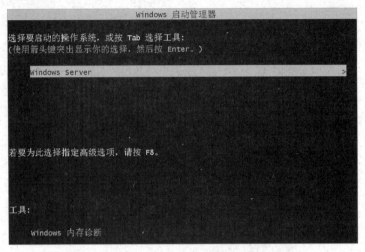

图 6-1-2 "Windows 启动管理器"界面

（3）还原最近一次的正确配置

在"高级启动选项"界面中，选择"最近一次的正确配置（高级）"选项，如图 6-1-3 所示。按"Enter"键，系统会使用最近一次的正确配置进行启动，从而完成对故障的应急处理。

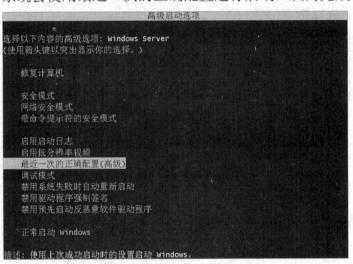

图 6-1-3 还原最近一次的正确配置

2. 货物分拣管理系统服务器数据备份及恢复

假设 N 公司货物分拣管理系统服务器遭到黑客攻击，在对其进行紧急处理之后恢复了运行，但是大量数据丢失。工程师 NC 需要利用前期备份对服务器进行紧急数据恢复。接下来对服务器数据备份和服务器数据恢复两部分进行介绍。

（1）服务器数据备份

在遭受黑客攻击之前，服务器维护人员应定期对服务器进行数据备份，相关操作步骤如下。

① Windows Server Backup 功能安装

启动服务器管理器，选择"仪表板"选项，单击右上方的"管理"按钮，选择"添加角色和功能"命令，在弹出的"添加角色和功能向导"界面中选择"功能"选项，勾选"Windows Server 备份"复选框，其余部分按照提示设置即可完成安装，如图 6-1-4 所示。

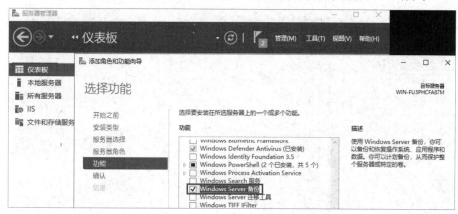

图 6-1-4　安装 Windows Server Backup 功能

② 服务器数据定期备份设置

通过备份计划对货物分拣管理系统的重要数据进行周期性备份。为了便于学生演练，首先在 C 盘根目录下创建要进行备份的文件夹，将其命名为"货物分拣管理系统数据"；然后在该文件夹内放入一些文件。

接下来打开"备份计划向导"界面。单击"开始"按钮，选择"Windows 管理工具"选项，双击"Windows Server 备份"选项，打开 Windows Server 备份管理工具，选择左侧窗格中的"Windows Server 备份（本地）"选项，右击"本地备份"选项，在弹出的快捷菜单中选择"备份计划"命令，即可打开"备份计划向导"界面。

在"备份计划向导"界面中，在"开始"界面中单击"下一步"按钮，在"选择备份配置"界面中选中"自定义"单选按钮，如图 6-1-5 所示。

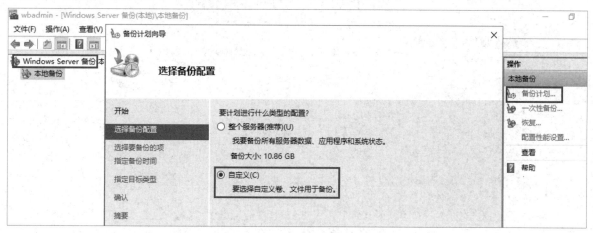

图 6-1-5　"选择备份配置"界面

在"选择要备份的项"界面中单击"添加项目"按钮，进入 C 盘根目录，勾选"货物分拣管理系统数据"复选框，单击"确定"按钮，如图 6-1-6 所示，单击"下一步"按钮。

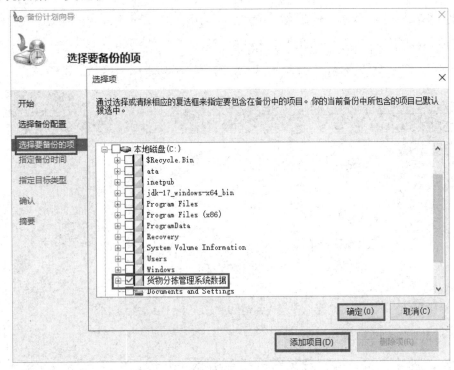

图 6-1-6 "选择要备份的项"界面

选择"指定备份时间"选项，在"指定备份时间"界面中可以设置每日一次或者多次备份，并选择备份时间，如图 6-1-7 所示。

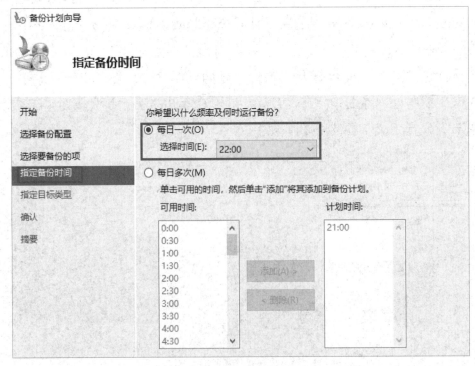

图 6-1-7 "指定备份时间"界面

选择"指定目标类型"选项，进入"指定目标类型"界面，选中"备份到卷"单选按钮，在弹出的"选择目标卷"对话框中添加用于数据备份的卷为"本地磁盘（D:）"，如图 6-1-8 所示。单击"下一步"按钮，按照提示完成确认操作，出现"已成功创建备份计划"提示即可。

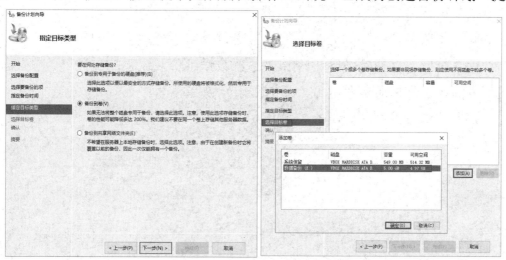

图 6-1-8　选择目标卷

在完成上述设置之后，服务器将按照计划定期进行备份，生成的备份文件会被自动存储到指定卷的"\WindowsImageBackup\本地主机名"文件夹中。

（2）服务器数据恢复

利用生成的备份文件对服务器数据进行恢复，先在 Windows 管理工具中打开"恢复向导"界面，参照（1）中打开"备份计划向导"界面的操作方法，右击"本地备份"选项，选择"恢复"命令。

在"恢复向导"界面中，在"开始"界面中选择"此服务器"选项，在"选择备份日期"界面中选择最新可用备份日期与时间，在"选择恢复类型"界面中选择"文件和文件夹"选项，在"选择要恢复的项目"界面中选择待恢复的目标数据，如图 6-1-9 所示。

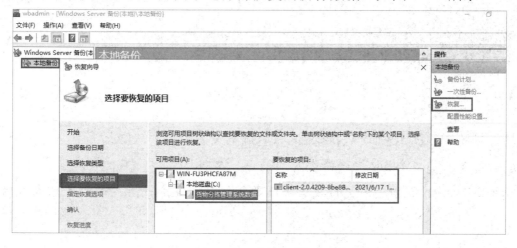

图 6-1-9　选择要恢复的项目

"指定恢复选项"界面保持默认设置即可；在"确认"界面中按照提示单击"恢复"按

钮，服务器将自动完成指定数据的恢复。在恢复完成之后，在备份文件夹目录下可看到恢复的备份项目副本。

📖 任务小结

本任务介绍了服务器故障的分类、处理思路以及常用处理措施的理论知识，并且通过货物分拣管理系统服务器启动故障处理和服务器数据备份及恢复的实践，让学生能够从理论和实践两方面熟练掌握服务器故障处理的常用知识和技能。

本任务知识结构思维导图如图 6-1-10 所示。

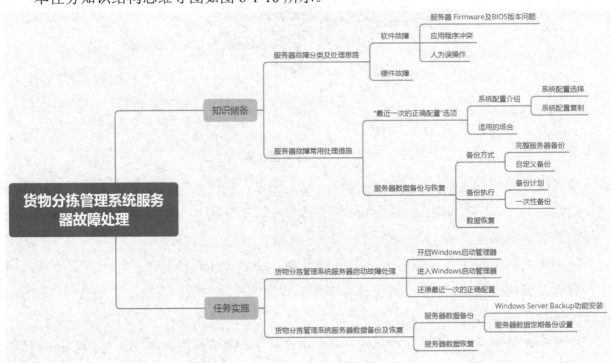

图 6-1-10　知识结构思维导图

任务 2　货物分拣管理系统数据库故障处理

🎬 职业能力目标

- 能根据数据库提示的故障现象，完成故障的分类和初步定位。
- 能针对 MySQL 数据库编码错误的问题，完成编码问题的定位和处理。
- 能针对 Navicat 连接 MySQL 数据库失败的问题，完成此类问题的定位和处理。

任务描述与要求

任务描述：

N 公司智慧仓储——货物分拣管理系统已正式运营，系统服务器的数据库故障处理是一项重要的工作，N 公司委派工程师 NC 专职负责服务器的运行和维护工作，其中，日常数据库故障处理是 NC 的职责之一。

工程师 NC 在接手该系统服务器之后，需要掌握常见的数据库故障分类及定位处理思路，及时根据数据库的故障现象发现问题，并且快速解决。

任务要求：

- 完成 MySQL 数据库故障的分类和定位。
- 完成 MySQL 数据库编码错误问题的定位和处理。
- 完成 Navicat 连接 MySQL 数据库失败问题的定位和处理。

知识储备

6.2.1 数据库常见故障及处理

数据库常见故障可以分为 4 类：事务故障，系统故障，介质故障及计算机病毒故障。

1. 事务故障

事务故障是指由程序执行错误引起的事务非预期的、异常终止的故障。当发生事务故障时，被迫中断的事务可能已对数据库进行了修改，为了消除该事务对数据库的影响，数据库自身会利用日志文件中记载的信息强行回滚该事务，将数据库恢复到修改前的初始状态。因此，运维人员需要检查日志文件中由于这些事务而发生变化的记录，取消这些没有完成的事务所做的一切改变。这类恢复操作称为事务撤销。在发生事务故障之后，除了数据库系统的自我恢复，运维人员还应根据具体的故障现象进行相应的处理。

2. 系统故障

系统故障是指系统在运行过程中，由于某种原因，造成系统停止运转，致使所有正在运行的事务都以非正常方式终止，因此要求重新启动系统。数据库系统故障的自我恢复要完成两方面的工作，既要撤销所有未完成的事务，又要重做所有已提交的事务，这样才能真正恢复到一致的状态。在故障发生之前已经运行完毕的事务有些是正常结束的，而有些是异常结束的。所以无须把所有的事务全部撤销或重做。通常采用设立检查点（Check Point）的方法来判断事务是否正常结束。该方法通过设置每隔一段时间（比如 5 分钟）由数据库系统产生一个检查点，从而提高数据恢复效率。

3. 介质故障

介质故障也称为硬故障，主要是指数据库在运行过程中，由于磁头碰撞、磁盘损坏、强磁干扰、人为或自然因素等造成的辅助存储器介质受到破坏，进而导致数据库中的部分或全部数据丢失的一类故障。相比于事务故障和系统故障，介质故障发生的可能性较小，但极为严重、破坏性极大，磁盘上的物理数据和日志文件很有可能被破坏。应对此类故障，需要先导入在发生介质故障之前最新的后备数据库副本，再利用日志文件重做副本导入之后运行的所有事务。具体方法如下。

① 导入最新的数据库副本，使数据库恢复到最近一次转储时的可用状态。

② 导入最新的日志文件副本，根据日志文件中的内容重做已完成的事务。

首先扫描日志文件，找出故障发生时已提交的事务，并将其记入重做队列；然后正向扫描日志文件，对重做队列中的各个事务进行重做处理，方法是对每个重做事务重新执行登记操作，即将日志记录中"更新后的值"写入数据库。

4．计算机病毒故障

计算机病毒故障是一种恶意的计算机程序，可以像病毒一样繁殖和传播，在对计算机系统造成破坏的同时也可能对数据库系统造成破坏（以破坏数据库文件为主要方式）。对于计算机病毒故障，可使用防火墙软件防止病毒侵入；对于已感染病毒的数据库文件，可使用杀毒软件进行查杀，如果杀毒软件杀毒失败，则只能使用数据库备份文件，并以软件容错的方式恢复数据库文件。

6.2.2 数据库错误代码

在执行 SQL 语句时，经常出现由于用户对数据库、数据表结构不熟悉，或者网络故障导致的 SQL 语句的执行错误。数据库管理软件提供了错误处理的提示代码，如插入的数据编码不符合数据库数据表设计时的编码会产生 1366 错误。

1．数据库操作错误

数据库操作错误是指对数据库进行创建、删除、访问等操作时出现的错误，常见的错误如下。

- 数据库已存在，再次创建同名数据库。
- 数据库不存在，对数据库执行更新或表查询操作。
- 数据库连接错误，如已超出数据库的最大连接数、用户名密码错误、没有连接数据库的权限等。

2．数据表操作错误

数据表操作错误是指对数据库中的表进行修改、插入、打开等操作时出现的错误，常见的错误如下。

- 数据表已存在，再次创建同名数据表。
- 数据表不存在，对数据表执行更新或查询操作。

● 数据表访问错误，如用户无权访问数据表或表中字段、未定的用户对数据表执行访问操作等。

📖 任务实施

1. 货物分拣管理系统数据编码问题处理

假设某货物分拣管理系统数据库名称为"CSMS"，在 CSMS 数据库中存在名称为"management_data"的数据表，该表结构如图 6-2-1 所示。

名	类型	长度	小数点	不是 null	虚拟	键	注释
cargo_id	int	8	0	☑	☐	🔑1	
cargo_name	varchar	255	0	☑	☐		
cargo_type	varchar	20	0	☐	☐		
cargo_status	varchar	20	0	☐	☐		
in_datetime	datetime	0	0	☐	☐		
out_datetime	datetime	0	0	☐	☐		

图 6-2-1　management_data 表结构

（1）编码错误问题展示

在创建货物分拣管理系统数据库和表之后，假设添加 1 条货物分拣中文数据记录，对应语句如下。

```
INSERT INTO `management_data` VALUES (1, '橘子', '箱', '已出货', '2022-01-10
11:54:01', '2022-01-11 11:54:18');
```

在执行上述语句之后出现了 1366 错误代码的提示信息，表示数据记录添加失败，如图 6-2-2 所示。

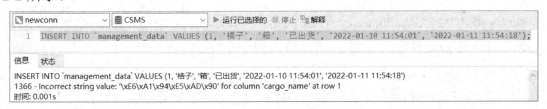

图 6-2-2　执行 SQL 语句出现 1366 错误代码提示

在图 6-2-2 中，MySQL 在运行 SQL 语句时提示 1366 错误代码，错误代码后方给出的提示信息为"1366-Incorrect string value…at row 1"。造成此问题的原因是字符编码冲突。查询当前 MySQL 使用的编码，对应语句如下。

```
show variables like 'character_%';
```

在上述语句中，"show variables"用于查询系统参数。查询得到的结果如图 6-2-3 所示。

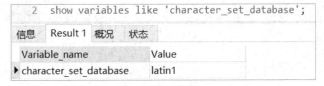

图 6-2-3　查询 MySQL 使用的编码

在图 6-2-3 中可以看到当前数据库使用的字符集是"latin1"，而该字符集并不支持中文输入，因此需要修改 management_data 表中的中文字段。

（2）字段编码调整

只需在使用 alter 命令修改数据库的编码方式之后再次执行插入语句即可，对应语句如下。

```
alter table management_data convert to character set utf8;
insert into management_data values (1, '橘子', '箱', '已出货', '2022-01-10
11:54:01', '2022-01-11 11:54:18');
```

在上述语句中，"alter table"命令用于对表进行修改，"convert to character set utf8"是指将表的编码方式设置为 utf8，该编码方式支持中文，执行后的结果如图 6-2-4 所示。

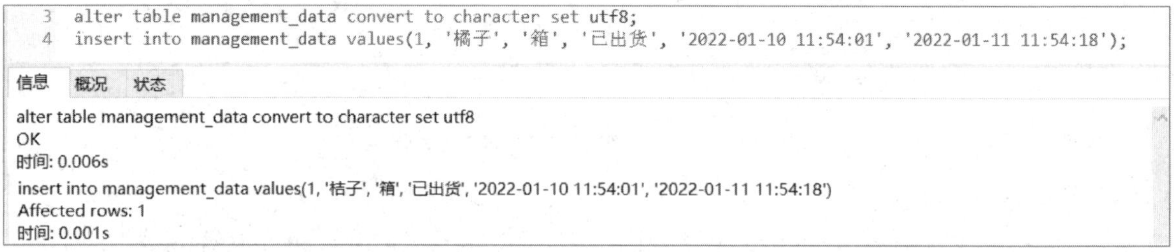

```
3  alter table management_data convert to character set utf8;
4  insert into management_data values(1, '橘子', '箱', '已出货', '2022-01-10 11:54:01', '2022-01-11 11:54:18');
```

信息　概况　状态

alter table management_data convert to character set utf8
OK
时间: 0.006s
insert into management_data values(1, '桔子', '箱', '已出货', '2022-01-10 11:54:01', '2022-01-11 11:54:18')
Affected rows: 1
时间: 0.001s

图 6-2-4　alter 语句执行结果

2. 货物分拣管理系统数据表操作问题处理

在执行数据库语句时常常因为主键必须唯一、键不能为空、主外键关联等原因，使得插入、删除以及其他语句执行出错。

（1）SQL 语句执行错误问题展示

将 cargo_id 值为 1，cargo_name 值为"橘子"的记录插入 management_data 表中，在执行插入语句时，发现操作执行未能成功，对应语句如下。

```
insert into management_data values (1, '橘子', '箱', '已出货', '2022-01-10
11:54:01', '2022-01-11 11:54:18');
```

执行上述语句之后的结果如图 6-2-5 所示。

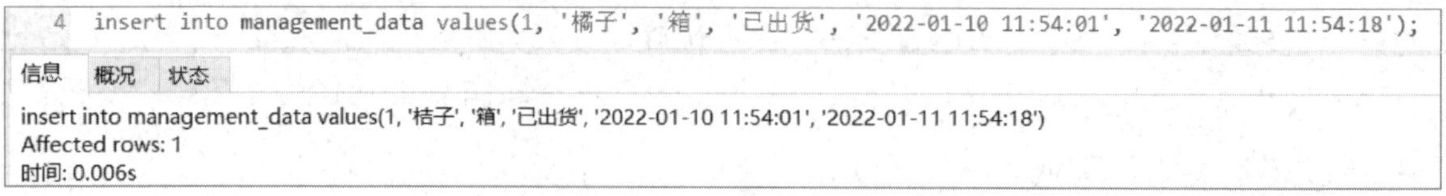

```
4  insert into management_data values(1, '橘子', '箱', '已出货', '2022-01-10 11:54:01', '2022-01-11 11:54:18');
```

信息　概况　状态

insert into management_data values(1, '桔子', '箱', '已出货', '2022-01-10 11:54:01', '2022-01-11 11:54:18')
Affected rows: 1
时间: 0.006s

图 6-2-5　SQL 语句执行结果错误

在图 6-2-5 中可以看到编码为 1062 的错误，并给出"Duplicate entry '1' for key 'PRIMARY'"，即完成一样的条目值"1"出现在主键字段，这是由于数据表中主键唯一性的原则。

（2）插入记录调整

只需将主键 cargo_id 设为不重复值，或者在最初设计表的时候将主键设为自增长，并且在插入记录时排除主键即可，对应语句如下。

```
insert into management_data values (2, '橘子', '箱', '已出货', '2022-01-10
```

```
11:54:01', '2022-01-11 11:54:18');
```

在上述语句中，插入主键为 cargo_id、值为 2 的记录，执行结果如图 6-2-6 所示。

```
4  insert into management_data values(2, '橘子', '箱', '已出货', '2022-01-10 11:54:01', '2022-01-11 11:54:18');
```

信息	概况	状态

insert into management_data values(2, '桔子', '箱', '已出货', '2022-01-10 11:54:01', '2022-01-11 11:54:18')
Affected rows: 1
时间: 0.006s

图 6-2-6　插入记录调整

📖 任务小结

本任务主要介绍了数据库操作常见的故障及处理方法。在任务实施部分介绍了如何处理数据编码不匹配、数据库或数据表执行时提示的错误信息，让学生能够理解和运用相关知识和技能。

本任务知识结构思维导图如图 6-2-7 所示。

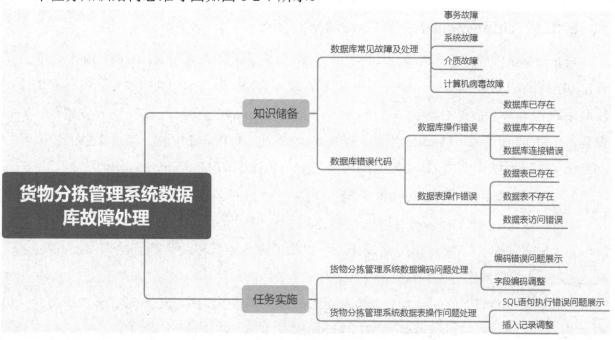

图 6-2-7　知识结构思维导图

任务 3　货物分拣管理系统 AIoT 平台虚拟机终端故障处理

🔭 职业能力目标

- 能根据 AIoT 平台虚拟机终端的故障现象，完成故障的分类和初步定位。
- 能针对 ThingsBoard 平台的故障现象，完成故障的定位和处理。

⏰ 任务描述与要求

任务描述：

　　N 公司的智慧仓储——货物分拣管理系统使用流行的 Docker 虚拟化技术实现服务器的部署，并使用 ThingsBoard 仪表板实现数据实时展示的效果。Docker 容器部署在 Linux 操作系统中，工程师 NA 需对 Linux 操作系统进行维护，在运维期间应能保障 Linux 操作系统中容器的故障解决、镜像更新等工作。

任务要求：

● 解决 Docker 镜像重新拉取造成的故障问题。

● 完成 Docker 镜像、Docker 容器的更新。

🖥 知识储备

6.3.1　ThingsBoard IoT Gateway

　　Thingsboard 平台是用于数据收集、处理、可视化和设备管理的开源物联网平台。ThingsBoard IoT Gateway 是一个开放源代码的解决方案，用户可以使用 Thingsboard 集成连接旧系统和第三方系统的设备。ThingsBoard IoT Gateway 的安装方式有 Deb 安装包、Rpm 安装包、Docker 镜像、Docker 镜像（Windows）、Python Pip 安装包。项目 2 中的虚拟终端就是在 Linux 系统上使用 Docker 镜像安装 ThingsBoard IoT Gateway 的表现。

1. ThingsBoard IoT Gateway 架构

　　ThingsBoard IoT Gateway 是使用 Python 3.5+开发的开源网关，可以运行在任何有 Python 3.5+的平台上，采用模块化设计，所提供的设备连接模块称为连接器（connector）。ThingsBoard 架构如图 6-3-1 所示。

　　ThingsBoard IoT Gateway 中连接 ThingsBoard 的模块称为 ThingsBoard 客户端模块，也称为北向连接模块。ThingsBoard IoT Gateway 的北向连接模块连接 ThingsBoard 内部的 MQTT Broker。ThingsBoard IoT Gateway 同时提供 11 种南向连接器，从虚拟仿真中获取传感器或执行器值使用的是 Modbus connector。

2. ThingsBoard IoT Gateway 南向连接器

　　ThingsBoard IoT Gateway 有 11 种南向连接器，用于连接设备或第三方系统，包括 MQTT connector、Modbus connector、OPC-UA connector、BLE connector、CAN connector、BACnet connector、HTTP(S)Request connector、REST connector、ODBC connector 以及自定义连接器共 11 种。其中，MQTT connector 可以将具备 MQTT 通信能力的设备连接到 ThingsBoard 平台上，Modbus connector 可以将具备 Modbus TCP/RTU 通信能力的设备连接到 ThingsBoard 平台上。

在项目 2 的"tb_gateway.yaml"配置文件中，指明了南向连接器为 Modbus connector，类型为 Modbus 协议，如图 6-3-2 所示。

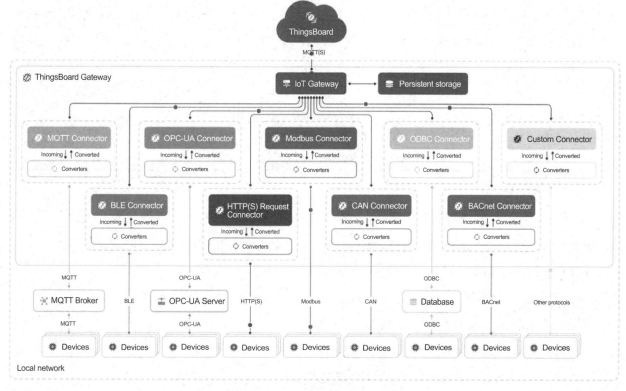

图 6-3-1   ThingsBoard 架构

```
connectors:
  -
    name: Modbus Connector
    type: modbus
    configuration: modbus_serial.json
```

图 6-3-2   "tb_gateway.yaml"配置文件的部分内容

在使用 MQTT 方式向 ThingsBoard 平台上报数据时，除了可以通过 MQTT connector 向 ThingsBoard IoT Gateway 报送数据，还可以使用 MQTT 仿真器，如 MQTT.fx 软件直接向 ThingsBoard 平台上报数据。因此，只需指明 ThingsBoard 平台开放的地址、协议号、订阅主题即可上报数据。

6.3.2   虚拟机终端故障排除常用命令

要在 Linux 系统上安装 ThingsBoard IoT Gateway，首先必须安装 Docker 引擎。因为 AIoT 平台提供的虚拟机终端上已经安装了 Docker 引擎，在这里暂不介绍 Docker 引擎的安装过程。同时，用于连接虚拟仿真与 ThingsBoard 平台的 ThingsBoard IoT Gateway 的镜像也只需拉取即可使用。

由于在这里使用了 Docker 镜像安装 ThingsBoard IoT Gateway，因此对于 ThingsBoard IoT Gateway 的故障排除建议使用 Docker 命令进行。

1．连接、停止和启动容器

容器在运行过程中将产生日志，可以使用"docker attach"或者"docker logs"命令查看容器的日志。attach 原意为连接，docker attach 连接的容器必须为 Up 状态，处于非 Up 状态的容器可以使用"docker start"命令启动。具体命令如表 6-3-1 所示。

表 6-3-1　连接、停止和启动容器命令

命　　令	说　　明
docker attach tb-gateway	再次关联终端运行，可查看网关日志
docker stop tb-gateway	停止容器
docker start tb-gateway	启动容器

2．网关配置

使用"docker run"命令创建新容器，在实例化 tb-gateway 容器之后，会在"~/.tb-gateway/config"目录下生成与 ThingsBoard IoT Gateway 相关的配置文件，如下所示。

- tb_gateway.yaml，该文件为网关主配置文件。
- logs.conf，该文件为日志配置文件。
- modbus.json，该文件为 Modbus 连接器配置文件。
- mqtt.json，该文件为 MQTT 连接器配置文件。
- ble.json，该文件为 BLE 连接器配置文件。
- opcua.json，该文件为 OPC-UA 连接器配置文件。
- request.json，该文件为 Request 连接器配置文件。
- can.json，该文件为 CAN 连接器配置文件。

对配置文件所做的任何修改都需重新启动容器，可以使用"restart"命令重启容器，也可以先使用"stop"命令停止容器，再使用"start"命令启动容器，具体命令如表 6-3-2 所示。

表 6-3-2　重启容器命令

命　　令	说　　明
docker restart tb-gateway	重新启动容器

3．网关更新

在发布新版本镜像之后，需重新从仓库中拉取镜像，此时应将原虚拟机终端上的容器或者镜像删除，并重新运行新的容器。在删除容器之前应先停止容器，对于容器的删除使用"docker rm"命令，对于镜像的删除使用"docker rmi"命令，具体命令如表 6-3-3 所示。

表 6-3-3　删除容器和镜像命令

命　　令	说　　明
docker rm tb-gateway	删除容器
docker rmi　镜像 ID	删除镜像

任务实施

1. Docker 镜像重复拉取错误解决

（1）Docker 镜像重复拉取错误问题展示

Docker 镜像仅需拉取一次，镜像的拉取是指从 Docker 仓库（可以是公有的，也可以是私有的）中拉取镜像到本地虚拟机终端，可以把镜像理解为手机的模具，把镜像的拉取理解为从手机厂商处领取手机模具，模具只能拿一次，多于一次就会出现错误。镜像在拉取成功之后会被装到容器中，容器是镜像的实例化，如同将手机模具做成真正可用的手机。错误提示如图 6-3-3 所示。

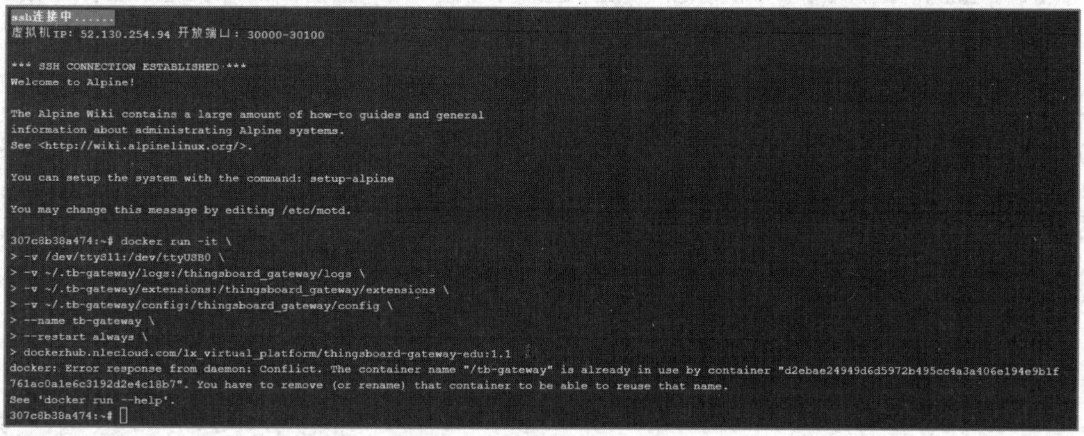
```
ssh连接中......
虚拟机IP: 52.130.254.94 开放端口: 30000-30100

*** SSH CONNECTION ESTABLISHED ***
Welcome to Alpine!

The Alpine Wiki contains a large amount of how-to guides and general
information about administrating Alpine systems.
See <http://wiki.alpinelinux.org/>.

You can setup the system with the command: setup-alpine

You may change this message by editing /etc/motd.

307c8b38a474:~# docker run -it \
> -v /dev/ttyS11:/dev/ttyUSB0 \
> -v ~/.tb-gateway/logs:/thingsboard_gateway/logs \
> -v ~/.tb-gateway/extensions:/thingsboard_gateway/extensions \
> -v ~/.tb-gateway/config:/thingsboard_gateway/config \
> --name tb-gateway \
> --restart always \
> dockerhub.nlecloud.com/lx_virtual_platform/thingsboard-gateway-edu:1.1
docker: Error response from daemon: Conflict. The container name "/tb-gateway" is already in use by container "d2ebae24949d6d5972b495cc4a3a406e194e9b1f
761ac0a1e6c3192d2e4c18b7". You have to remove (or rename) that container to be able to reuse that name.
See 'docker run --help'.
307c8b38a474:~#
```

图 6-3-3　错误提示

（2）Docker 镜像重复拉取错误问题处理

当多次拉取 Docker 镜像时，系统会提示“docker: Error response from daemon: Conflict. The container name "/tb-gateway" is already in use by container "d2ebae24949d6d5972b495cc4a3a406e194e9b1f761ac0a1e6c3192d2e4c18b7". You have to remove (or rename) that container to be able to reuse that name.”，即名称为“tb-gateway”的容器已经使用，“d2ebae24949d”开头的字符串为容器 ID，在每次执行拉取操作时该 ID 都会发生改变（每次拉取镜像是指删除镜像后的再次拉取），提示中建议如果要拉取镜像则应先删除容器。

此时，可使用以下命令查看是否已有名称为 tb-gateway 的容器。如果存在且状态为 Up，则不必再拉取镜像。

```
docker ps
```

在上述命令执行成功之后会出现图 6-3-4 所示的结果，其中，“CONTAINER ID”对于每台虚拟机终端都不相同。

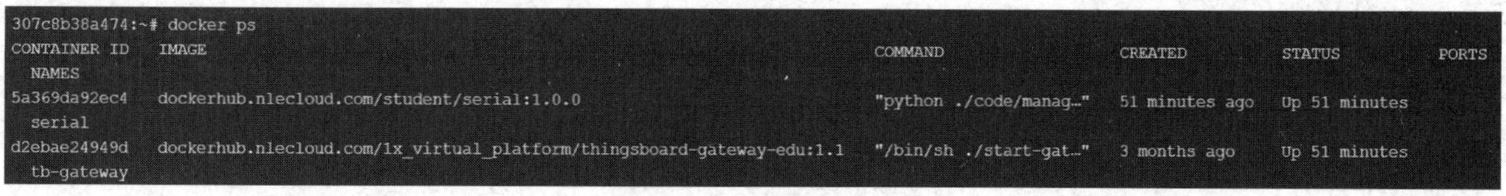
```
307c8b38a474:~# docker ps
CONTAINER ID   IMAGE                                                                     COMMAND                    CREATED           STATUS            PORTS
  NAMES
5a369da92ec4   dockerhub.nlecloud.com/student/serial:1.0.0                              "python ./code/manag…"    51 minutes ago    Up 51 minutes
  serial
d2ebae24949d   dockerhub.nlecloud.com/lx_virtual_platform/thingsboard-gateway-edu:1.1   "/bin/sh ./start-gat…"    3 months ago      Up 51 minutes
  tb-gateway
```

图 6-3-4　错误处理

2. Docker 镜像删除并重新拉取

（1）查看容器状态

可以使用"docker ps -a"命令查看所有容器状态，"docker ps -a"与"docker ps"命令的区别在于，-a 参数可以列出所有处于 Up 状态或非 Up 状态的容器，命令如下。

```
docker ps -a
```

在上述命令执行成功之后会出现图 6-3-5 所示的效果，可知目前 tb-gateway 容器的状态为 Up，即运行状态。

图 6-3-5　查看容器状态

（2）删除原容器和原镜像

对于处于 Up 状态的容器，需先停止容器再对其进行删除，"docker stop"命令用于停止容器，"docker rm"命令用于删除容器，"docker rmi"命令用于删除镜像。删除容器的操作可理解为丢弃用手机模具制造出来的实体手机，删除镜像的操作可理解为丢弃手机模具，命令如下。

```
docker stop tb-gateway

docker rm tb-gateway

docker ps -a
```

命令每次执行成功都将出现 tb-gateway 提示，执行结果如图 6-3-6 所示。

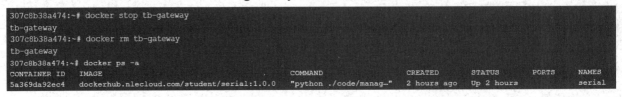

图 6-3-6　停止、删除容器

要删除容器对应的镜像，可以先通过"docker images"命令查看镜像 ID，再使用"docker rim"删除镜像，命令如下。

```
docker images

docker rmi 784551e2e62c

docker images
```

再次使用"docker images"命令，仅留存"dockerhub.nlecloud.com/student/serial"镜像，结果如图 6-3-7 所示。

```
307c8b38a474:~# docker images
REPOSITORY                                                          TAG        IMAGE ID      CREATED        SIZE
dockerhub.nlecloud.com/1x_virtual_platform/thingsboard-gateway-edu  1.1        784551e2e62c  10 months ago  322MB
dockerhub.nlecloud.com/student/serial                               1.0.0      77740df8ae92  11 months ago  52MB
307c8b38a474:~# docker rmi 784551e2e62c
Untagged: dockerhub.nlecloud.com/1x_virtual_platform/thingsboard-gateway-edu:1.1
Untagged: dockerhub.nlecloud.com/1x_virtual_platform/thingsboard-gateway-edu@sha256:ce63e750a55b44b3744625c305269bc28bfdae528da3bf807270ebe55e4d8a69
Deleted: sha256:784551e2e62cd0df947a961bf0c074e6915b30af821d04d340a9d55d7e3590bf
Deleted: sha256:9752e7d291102f1e51bb5d49af52ae4b074af483791c70d7b0529ee31f28d056
Deleted: sha256:005101db85a52c3ab469720d702e0d257258727cbc9e9ddcd4d0ae3f872e4cf3
Deleted: sha256:8d98c63e45e541a14b74d95d4d2f7383d58ae3cf0829a1da0e5ea5861f32234c
Deleted: sha256:f03613a408cb4a9c1c00b2bbd49b4cbefbc5905a684c40b981044c9f6fdfa067
Deleted: sha256:d746030af5be5553b8db9bdf246b303753f75e8e2662ed25259197502b123987
Deleted: sha256:df2239cb1f9c40c1be208d861491ab0f936fdf177cb90b1942ca7a29cf95ebba
Deleted: sha256:3e823c60852da58a10c6668a8298b37c4afd4772035c4d60e95ec64fa919f4e3
Deleted: sha256:56f0a74a6d7ddf0529a1adeff8e9f405cc330a8033bda994e32b004b1e17b1d0
Deleted: sha256:347f5ffff808a003f6d61caceb60760677e5d3d888753e3df931defef66548fc
Deleted: sha256:5529d70a4cd757494d5c39d70fba109208de39be72464a2e227bd6f9fda7b6fa
Deleted: sha256:cb42413394c4059335228c137fe884ff3ab8946a014014309676c25e3ac86864
307c8b38a474:~# docker images
REPOSITORY                             TAG        IMAGE ID      CREATED        SIZE
dockerhub.nlecloud.com/student/serial  1.0.0      77740df8ae92  11 months ago  52MB
```

图 6-3-7　删除镜像

（3）重新拉取镜像并运行容器

参考项目 2，直接使用 "docker run" 命令进行 tb-gateway 容器的创建与启动，重新拉取镜像的操作可理解为再次从厂商处领取新版模具，命令如下。

```
docker run -it \
-v /dev/ttyS11:/dev/ttyUSB0 \
-v ~/.tb-gateway/logs:/thingsboard_gateway/logs \
-v ~/.tb-gateway/extensions:/thingsboard_gateway/extensions \
-v ~/.tb-gateway/config:/thingsboard_gateway/config \
--name tb-gateway \
--restart always \
swr.cn-east-3.myhuaweicloud.com/newland-edu/1x_virtual_platform/thingsboard-
gateway-edu:1.1
```

命令执行成功的结果如图 6-3-8 所示。

```
307c8b38a474:~# docker run -it \
> -v /dev/ttyS11:/dev/ttyUSB0 \
> -v ~/.tb-gateway/logs:/thingsboard_gateway/logs \
> -v ~/.tb-gateway/extensions:/thingsboard_gateway/extensions \
> -v ~/.tb-gateway/config:/thingsboard_gateway/config \
> --name tb-gateway \
> --restart always \
> dockorhub.nlccloud.com/1x_virtual_platform/thingsboard-gateway-edu:1.1
Unable to find image 'dockerhub.nlecloud.com/1x_virtual_platform/thingsboard-gateway-edu:1.1' locally
1.1: Pulling from 1x_virtual_platform/thingsboard-gateway-edu
a076a628af6f: Pull complete
a36ca90be64c: Pull complete
420e4b6220ed: Pull complete
772a2b254861: Pull complete
cdd040608d7b: Pull complete
f6cd661ed548: Pull complete
a2dd9adf55c3: Pull complete
f3bce24e59d4: Pull complete
3335371aede7: Pull complete
74e6d873fadc: Pull complete
452672cfd001: Pull complete
```

图 6-3-8　重新运行容器

再次使用 "docker ps -a" 命令查看 tb-gateway 容器的状态，仅当 tb-gateway 容器状态为 Up 时表示创建容器成功，如图 6-3-9 所示。

图 6-3-9　创建容器成功

任务小结

在本任务中主要介绍了 ThingsBoard Gateway 的南向、北向连接模块，北向连接器可通向传感终端，南向连接器支持 MQTT 协议、Modbus 协议上报数据。同时介绍了如何在虚拟机终端上重新拉取 Docker 镜像、运行新的容器并将其用于实例化镜像。Docker 镜像只需拉取一次，在使用"docker run"命令运行新容器，且所有命令参数都一致时将出现错误，建议先删除旧容器再创建新容器。掌握 Docker 的常用命令有助于学生掌握 Docker 虚拟化技术。

此次任务知识结构思维导图如图 6-3-10 所示。

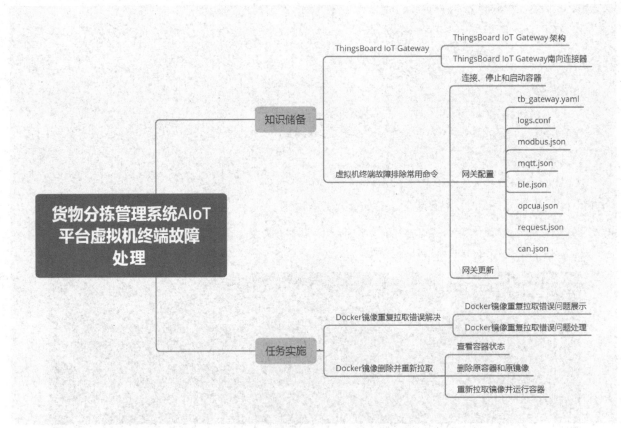

图 6-3-10　知识结构思维导图